U0187935

稀奇古怪的动物

主编/ 付振轩

新疆文化出版社

图书在版编目（CIP）数据

稀奇古怪的动物 / 付振轩编. -- 乌鲁木齐 : 新疆文化出版社, 2023.11
ISBN 978-7-5694-4077-5

Ⅰ. ①稀… Ⅱ. ①付… Ⅲ. ①动物 – 青少年读物 Ⅳ. ①Q95-49

中国国家版本馆CIP数据核字(2023)第218353号

稀奇古怪的动物
Xiqiguguai De Dongwu

主　编　付振轩
选题策划　郑小新
出版策划　盛世远航
责任编辑　张启明
排版设计　盛世远航
出　版　新疆文化出版社
地　址　乌鲁木齐市沙依巴克区克拉玛依西街 1100 号（邮编 830091）
发　行　全国新华书店
印　刷　三河市九洲财鑫印刷有限公司
开　本　787 mm × 1 092 mm　1/16
印　张　8
字　数　128千字
版　次　2023年11月第1版
印　次　2023年12月第1次印刷
书　号　ISBN 978-7-5694-4077-5
定　价　79.00元

Foreword

前言

在这个美丽的地球上，生存着许多神奇的动物，它们有长相奇特、习性怪异的陆上“怪侠”，有翱翔蓝天的空中“舞者”，有畅游大海的“精灵”。

它们的世界神秘而又奇妙，也许很多都是你们闻所未闻、见所未见的。但是请你们记住，它们只不过是生活在地球上动物中的一小部分……我们的地球上其实生存着数不清的不同种类的动物。动物同人类一样，是大自然的儿女，是大自然的一部分。为了更好地适应环境，动物们进化出了千奇百怪的形态。

本书以大自然中形形色色的动物为线索，用全新的视角对丰富多彩、奥妙无穷的动物世界进行探索，全方位展示动物的方方面面，以图文并茂的形式，引领读者身临其境般地去感受动物世界的神奇魅力，为读者绘就了一幅生动的动物画卷！你能了解到动物们不同的生活环境，以及它们是如何在这些复杂的环境中生存下来的。你还会意识到有许多动物正面临着灭绝的险境，我们应该怎样伸出援助之手才能帮助它们渡过难关。

读者朋友们，你们准备好了吗？让我们一起开始这一次有趣的旅行吧！

Contents

目录

第1章 陆上的“怪侠”

第2章 空中的“舞者”

第3章 海中的“精灵”

第1章 陆上的“怪侠”

档案 Dang'an

又　　称：变色龙

分布区域：非洲北部、土耳其亚洲部分及西班牙等地

动物学分类：脊索动物门—爬行纲—蜥蜴目—避役科

避役体长15～25厘米，最长的可以达到60厘米。眼睛凸出，可以独立地转动。舌头细长，可以伸出口外。

变色龙经常栖息在树上，尾巴善于缠绕树枝。大多数种类为卵生，以捕食昆虫为生。

“善变”之徒——避役

变色龙为什么会变色

变色龙是一种“善变”的树栖爬行类动物，在自然界中它是当之无愧的“伪装高手”。为了迷惑敌人，保护自己，它时常改变体表的颜色，或绿或黄，或浓或淡，变幻莫测。

科学家经过反复研究，终于发现了变色龙能够变色的奥秘。原来，变色龙的皮肤里有各种色素细胞，这些色素细胞服从神经中枢的指挥，按照神经中枢的命令改变皮肤的颜色。每当变色龙的生活环境发生变化，神经中枢会根据环境向色素细胞发出命令，让它改变体表的颜色，与环境颜色协调一致。

变色龙变色是为了保护自己不被伤害。变色龙是弱小的动物，缺乏自卫能力，如果让敌害盯住，就很难活命了，所以为了生存，在长期的生活中它练就了一身变色本领，以便蒙骗敌人的眼睛！但自我保护只是促使变色龙变色的一个原因。

另一个原因是，变色龙变色能够很好地隐蔽自己，伏击猎物。当猎物距离变色龙很近时，它便以迅雷不及掩耳之势突袭猎物，使猎物防不胜防，最终成为其战利品。

依据动物专家的最新发现，变色龙变换体色还有一个重要作用，那就是实现彼此间的信息传递，便于和同伴沟通，相当于人类语言。

奇特的眼睛

变色龙还有一处比其他动物高明的地方，那就是它的一双与众不同的眼睛。它的双眼能够各自独立运动，一只眼睛向上看的同时，另一只眼睛却能向前看或者向下、向后看。因此，即使身体不动，它对周围的情况也能了如指掌。

又　　称：箭猪、刺猪
分布区域：中国长江以南地区，尼泊尔、孟加拉国、缅甸、泰国等地
动物学分类：脊索动物门—哺乳纲—啮齿目—豪猪科—豪猪属

豪猪是啮齿目动物中的一类，体长 60 ~ 70 厘米，身体肥壮，看上去有些笨头笨脑。体色黑色或褐色。豪猪栖息在低山森林茂密的地方，穴居，主要是修整穿山甲或白蚁的旧巢穴，或是居住在天然石洞，过着家族生活，尤其是在冬季更喜群居。豪猪是夜行动物，它们白天躲在穴中睡觉，晚上出来寻找食物，且活动路线比较固定。经常以植物根、茎为食，喜食花生、番薯等农作物，对农业有害。秋、冬季节交配，第二年春天产崽，每胎产 1 ~ 2 只，大多 1 只。豪猪的身体强壮，而且还是攀爬能手。

浑身是刺的攻击者——豪猪

浑身是刺的攻击者

豪猪自肩部以后直达尾部密布长刺，刺的颜色黑白相间，粗细不等，可以用来防御掠食者。遇到敌人受惊时，身上的刺会立即竖起，刷刷作响以警告敌人。如果不能吓跑敌人，它就会转身倒退着以屁股冲撞敌人。

不同属种的豪猪，刺的形状也不相同，欧洲豪猪（豪猪科）的刺是一束束的，而美洲豪猪（美洲豪猪科）的刺则与毛发夹杂在一起。不过所有刺都是改变了的毛发，表面上有一层角质素，嵌入皮肤的肌肉组织。

豪猪的刺锐利、易脱落，并且还有倒钩，会深深刺入敌人的肉中，很难除去，而且会引起伤口感染，甚至致死。

豪猪理论

心理学上有一个著名的豪猪理论：一群豪猪冬天挤在一起取暖，但是它们怎么都把握不好彼此之间的距离。离得太近，身上的刺就会扎到对方，离远了又不暖和。经过多次磨合，它们终于找到了合适的距离。其实，这也就是人际关系中所谓的分寸感。

档案
Dang'an

又　　称：绒负鼠
分布区域：加拿大东南部，向南通过美国东部和墨西哥到达阿根廷境内南纬 47° 的地区
动物学分类：脊索动物门—哺乳纲—负鼠目—负鼠科

负鼠是性情温顺的小家伙，虽然也是有袋目，但其育儿袋并不完全。负鼠体长约 26 厘米，尾长约 30 厘米，能缠绕。少数种类尾短而具厚毛。体褐色，头顶有褐纹。负鼠的四肢短，均具 5 趾，拇指大，无爪，能对握，喜欢生活在树上。以昆虫、蜗牛等小型无脊椎动物为食，也吃一些植物类食物。

动物界的超级"刹车手"——负鼠

妈妈背着孩子满街跑

大多数负鼠长有能缠绕的长尾，小负鼠爬到母兽背上，用尾巴缠住母兽的尾巴，让母兽背负行走，煞是可爱。

动物界的超级"刹车手"

像其他动物一样，当遇到天敌时，负鼠也是"拔腿就跑"，但不同的是，它们常会在疾奔中突然立定不动，来个"急刹车"，令敌人措手不及。不等敌人反应过来，负鼠却又突然跃起，疾步逃奔。等反应过来的敌人想再去捕捉它们时，它们早已跑得无影无踪了。负鼠的这种本领恐怕在自然界还没有其他动物能与之匹敌，它们被称为动物界的超级"刹车手"当之无愧。

会"装死"的小家伙

负鼠的天敌很多，如狼、狗等，但它们既然能在弱肉强食、险象环生的境况下生存到今天，就一定有高超的"绝活儿"。负鼠的"绝活儿"就是装死！有人曾认为负鼠的"装死"并非骗术，而是它们在大难临头时真的被凶神恶煞般的猛兽吓昏过去了。为此，科学家们运用电生理学的原理对负鼠进行活体脑测试，揭开了这一谜底。原来，负鼠处于"装死"状态时，它们的大脑一刻也没有停止活动，不但与动物麻醉或酣睡时的生物电流情况大相径庭，甚至在"装死"时，负鼠大脑的工作效率更高！

小心谨慎的“夜游神”

负鼠常常夜间外出，但行动十分小心谨慎，常常先用后脚钩住树枝，站稳之后再考虑下一步动作。如果发现树下有入侵者，它并不马上逃跑，而是用前肢紧紧地抓住树枝，并张大双眼，注视着入侵者的一举一动，然后再决定对策。

档案
Dang'an

又　　称：考拉、无尾熊、可拉熊
分布区域：澳大利亚
动物学分类：脊索动物门—哺乳纲—有袋目—树袋熊科—树袋熊属

树袋熊被称为“世界上最可爱的动物”“从童话里走出来的动物”，深受世界各国人民的喜爱，广阔的澳大利亚就是它的故乡。澳大利亚是有袋类动物的王国，也是有袋类动物最集中的地方，而树袋熊是其中最珍贵的一种。

世界上最可爱的动物——树袋熊

世界上最可爱的动物

树袋熊活像一只毛绒玩具熊，肥胖的身子长满了毛茸茸的淡灰色或淡黄色绒毛，没有尾巴，头很大，双眼炯炯发光，两只半圆形的大耳朵直立在头顶的两侧，长长的绒毛遮盖着耳廓，脸部长着短短的绒毛，而黑黑的鼻子光溜溜的，非常惹人喜爱。

树袋熊以它那软绵绵、圆滚滚的身体和琥珀球般的眼睛倾倒了全世界的人，即使是一个不喜欢小动物的人看到它那“楚楚动人”的样子也会忍不住要抱一抱它。

树袋熊的足较长，爪锋利有力，善于攀爬树干，是一种树栖动物。趾长得像人的手，大拇指与其他四趾叉开，能做抓握动作，便于抓住树枝。它常年栖居在桉树林里，只吃有限的几种桉树的树叶，其他什么都不吃。

白天，树袋熊通常将身子蜷作一团栖息在桉树上，除了吃树叶就是睡大觉，连下树饮水都懒得动，仅从树叶中汲取身体所需的水分，致使皮肤都散发出强烈的桉树油的怪味。

小树袋熊为什么爱吃便便

令人好奇的是，小树袋熊非常爱吃成年树袋熊的粪便，这到底是怎么回事呢?

原来，桉树叶基本上由纤维素组成，而树袋熊本身对这种纤维素是不能消化的，全靠生长在它盲肠里的微生物，这种微生物能把咀嚼过的纤维转化为可以被消化吸收的酶。而即将独立生活的小熊体内缺少这种微生物，所以它爱吃成年树袋熊的粪便，目的是为了获得粪便中的微生物。

保护树袋熊

树袋熊的胃口很大，食物却很单一——非桉树叶不吃。而桉树叶中几乎不含糖和脂肪，蛋白质也是微乎其微，因此树袋熊的体内脂肪的含量非常低，遇到干旱天气，甚至会因为缺少蛋白质而死亡。

在自然界中几乎没有一种动物会来和树袋熊争夺这种营养低并散发怪味的树叶，所以树袋熊没有多少竞争者和天敌，目前它的最大敌人是人类。因为树袋熊的皮毛保温性强，仅次于北极动物，能制作华贵的皮衣，所以它们不断遭到人们的猎杀，到20世纪初甚至濒临绝种。1927年澳大利亚政府颁布了禁猎令，才使这种动物脱离了绝种的危险。但树袋熊的厄运并没有就此消失，它们的栖息地和食物——桉树林正在大量消失，这是威胁树袋熊生存的头号难题。现在，许多澳大利亚人正行动起来保护树袋熊的家园，相信它们一定会在人们的帮助下不断地繁衍下去。

动物“活化石”——鸭嘴兽

Dang'an 档案

又　　称：鸭獭
分布区域：澳大利亚东部和塔斯马尼亚岛
动物学分类：脊索动物门—哺乳纲—单孔目—鸭嘴兽科—鸭嘴兽属

鸭嘴兽具有“活化石”之称。它是澳大利亚特有的单孔目动物，也是世界上仅有的3种卵生哺乳动物之一。

神奇的大嘴巴

你知道吗，鸭嘴兽从被发现到得到这个有趣的名字，居然经历了漫长的100年，科学家们之所以给它起鸭嘴兽这个名字，主要是因为它具有哺乳动物的特点：用乳汁喂养幼崽；同时又具有爬行类、鸟类的特点：生殖孔与排泄孔全在一起，生殖方式是卵生，而且还孵卵。

单从外形来看，鸭嘴兽的身体像兽类：全身长满浓密的短毛，体形为流线型。成年鸭嘴兽体长40~50厘米，嘴是颌部的延长，像极了鸭子的嘴。别看它的嘴像鸭嘴，可比鸭嘴高级多了。它的嘴里面是角质的，嘴上面覆盖着一层柔软的、富有弹性的黑色皮肤，皮肤里还有一些能感应到动物肌肉里电场移动的特殊结构，这使得它能准确地捕捉到藏在水底淤泥里的小动物。嘴的前缘还有脊纹，可以咬食物，下颌两旁还有“过滤器”，可以用它把水挤压出去。

奇特的“活化石”

早在1.8亿年前的侏罗纪，鸭嘴兽的祖先就已经出现了，那时它们分布很广。可是到了7000万年前，许多更先进的哺乳类动物大量繁殖，这些古老的动物逐渐灭绝了。但生活在澳大利亚大陆的动物很幸运，由于地壳运动，澳大利亚同其他大陆分开了，后出现的哺乳动物不能到达这块地方，鸭嘴兽的祖先得以在此生息繁衍，并且一直保存着原始的卵生状态。

鸭嘴兽只有耳孔，没有外耳，这是自然进化的产物。当它在潜水的时候，耳孔和眼紧靠在一起，耳孔和眼睛上的肌肉褶皱把耳孔和眼睛严密地遮盖起来，使水无法进入。

鸭嘴兽还有一点叫人感到恐怖的地方，就是它能散布毒气！鸭嘴兽的爪子不仅锐利，在雄兽后脚的踝部还长着终身存在的锋利的角质距，这个角质距是中空的，与毒腺相连接，能渗出毒液。这种毒液能使狗很快死去，如果注射到兔子的皮下，两分钟之内兔子就一命呜呼了，可见其毒性之强。如果人碰到了这种毒液，及时治疗是可以痊愈的。

鸭嘴兽的最爱

鸭嘴兽生活在河边，用它那锐利的爪子在河边挖掘洞穴，并在里面筑窝。白天在洞内睡觉，傍晚出来下水捕食。鸭嘴兽主要在水中捕食小鱼、小虾、青蛙、螺蛳、蚯蚓、蠕虫、蜗牛、水生昆虫等。由于它的活动量大，所以食量也很大。鸭嘴兽每天所吃的食物几乎和它的体重相等，有人曾观察到一只鸭嘴兽一天吃了540条蚯蚓、两三只虾，还有两只小青蛙。

鸭嘴兽喜欢在水边挖洞而居，尤其是在近水的树下建造它的地下室。地下室有两个洞口，一个在水下，一个在岸上。由于岸上的洞口容易被敌害发现，聪明的鸭嘴兽就在洞口用杂草、碎石伪装起来，这样敌害就不容易发现了。水下的那个洞口则主要是为了方便到水下觅食，还能逃避敌害。

什么是单孔目?

单孔目就是动物的大肠末端只有一个孔，这个孔既排泄尿液和粪便，也排出精子或卵细胞，被称为泄殖腔孔。动物界只有爬行类和鸟类有泄殖腔孔，在这点上，鸭嘴兽与它们是相似的。

人类在对鸭嘴兽的研究中，发现了哺乳动物与爬行动物的亲缘关系，同时也肯定了现在的哺乳动物起源于古代的爬行动物，还确认了单孔目动物是最低等的哺乳动物。

针鼹和袋鼠一样，也是澳大利亚的象征，是一种非常珍稀的动物。针鼹有长吻和短吻两大类：长吻类有 3 种，仅分布于新几内亚；短吻针鼹是现存分布最广泛、最常见的单孔目动物，塔斯马尼亚岛的短吻针鼹身上毛较多，曾经被当作是独立的物种。

档案 Dang'an

又　　称：刺食蚁兽
分布区域：澳大利亚东部、塔斯马尼亚岛及新几内亚
动物学分类：脊索动物门—哺乳纲—单孔目—针鼹科

浑身长刺的食蚁兽——针鼹

它们和刺猬长得很像

从外形上看针鼹长得很像刺猬，体长 40 ~ 50 厘米。它们的身上既有柔软的毛又有硬的棘刺。针鼹以白蚁、蚁类和其他虫类为食，用细长而富有黏液的舌来捕捉食物，并用舌上的角质板和口腔顶部的硬脊加以磨碎。

吻短针鼹吻短而直，鼻孔和口位于吻端；口小，没有牙齿，舌细长，有黏液；眼小；具有外耳壳，部分隐于毛中；四肢短，爪长而锐利，适于掘土；雄性后肢踝部有毒距；尾短，下面裸露。

针鼹妈妈有临时的育儿袋

令人惊奇的是，针鼹虽为卵生的单孔类，靠近尾的基部有单一的泄殖腔孔，但雌兽在繁殖期腹面也会生出临时的育儿袋，卵直接产到育儿袋中孵化，孵化后幼兽会在袋中生活一段时间。

针鼹多栖息于多石、多沙和多灌木丛的地方，或住在岩石缝隙和自掘的洞穴中，通常在黄昏和夜晚出来活动。针鼹的寿命很长，在动物园中，有的短吻针鼹可以活 50 年以上，有的长吻针鼹可以活 30 年。

猞猁是中型猛兽，体长 80 ~ 130 厘米，小于狮、虎、豹等大型猛兽，但比小型的猫类大得多。猞猁常栖居在寒冷的高山地带，不畏严寒，耐饥性强，可在一处静卧几日。猞猁也善于游泳，但不轻易下水。它还是个出色的攀爬能手，甚至可以从一棵树纵身跳到另一棵树上。

档案 Dang'an

又　　称：林狼、猞猁狲、马猞猁、山猫、野狸子
分布区域：中国东北、西北、华北及西南，北欧、中欧、东欧及西伯利亚西部
动物学分类：脊索动物门—哺乳纲—食肉目—猫科—猞猁属

高山上的猎手——猞猁

惹人怜爱的小模样

猞猁身体粗壮，四肢较长；尾巴短粗，仅 16 ~ 23 厘米，尾尖呈钝圆。最为可爱和引人注目的是它的耳尖上长有明显的丛毛，两颊有下垂的长毛，腹毛也很长。它们的毛色差别较大，有红色、乳灰、棕褐、土黄褐、灰草黄褐色及浅灰褐色等多种色型，但有些部位的色调是比较恒定的，如外耳缘为黑色或黑褐色，内耳缘为乳灰色，耳尖丛毛为纯黑色，其中夹杂几根白色毛，上唇为暗褐色或黑色，下唇为污白色至暗褐色，颌两侧各有一块褐黑色斑，尾端一般为纯黑色或褐色，四肢前面、外侧均具有斑纹，胸、腹为一致的污白色或乳白色。全身布满像豹那样的斑点，这有利于它们的隐蔽和觅食。

出其不意的猎杀者

猞猁以野兔、松鼠、野鼠、旅鼠、旱獭和雷鸟、鹌鹑、野鸽、雉类等为食。

猞猁在捕食的时候非常有趣，常以草丛、灌丛、石头、大树等作掩护，埋伏在猎物经常路过的地方，两眼警惕地注视着四周。它的忍耐性极好，能在一个地方静静地卧上几个昼夜，待猎物走近时，才出其不意地冲出来，捕获猎物，毫不费力地享受一顿“美餐”。如果突袭没有成功，猎物逃脱了，它也不会穷追猎物，而是再回到原处，耐心地等待下一次机会。

有的时候，猞猁也悄悄地漫游，看到猎物正在专心致志地取食，便蹑手蹑脚地靠近、再靠近，冷不防地猛扑过去，在猎物还来不及反应的情况下将其捕杀。

人不犯我，我不犯人

猞猁的性情狡猾而又谨慎。为了生存，猞猁也有自己独特的逃生方法，比如当猞猁遇到危险时会迅速逃到树上躲藏起来，有时还会躺倒在地，假装死去，从而躲过敌害。在自然界中，虎、豹、雪豹、熊等大型猛兽都是猞猁的天敌，如果遇到狼群，也会被其紧紧追赶、遭遇包围而丧命，一般难以逃脱。猞猁一般不会主动伤人，只有遭到人类的捕猎侵害时，才会进行反击。

小猫熊长 40～63 厘米，重约 5 千克。外形肥壮似熊，头部圆而较宽似猫，四肢粗短，尾粗大，长 40～45 厘米，尾上有白褐相间的环纹。和身躯庞大、动作迟缓的大熊猫相比，小猫熊动作轻盈，显得小巧灵活，但从生理解剖学上看，小猫熊跟熊几乎算得上是表兄弟了，而与大熊猫的亲缘关系却比较远。

档案 Dang'an

又称：小熊猫、红熊猫、红猫熊
分布区域：在中国主要分布于西藏东部、云南、贵州、四川、青海、陕西和甘肃，在国外主要分布于尼泊尔、缅甸和印度北部等
动物学分类：脊索动物门—哺乳纲—食肉目—小熊猫科—小熊猫属

善于攀爬的小家伙——小猫熊

上天赐予的可爱模样

小猫熊的面部有白色斑点，两颊的毛为黑色，耳边为白色，鼻子为黑色，背毛为红褐色，腹部和四肢为黑褐色。脚掌多毛，善于攀登。小猫熊多在春季发情，夏季产崽，每胎 2～3 崽，偶有 4 崽。幼崽刚出生时，身上长满绒毛，闭着眼，体重与大熊猫的幼崽相似，尾巴比较显长。它们在第 21～30 天才睁眼，前后肢也开始能缓慢移动。母兽哺乳幼崽大约一年，会在次年临产前将幼崽驱走。

树上的小玩家

小猫熊以箭竹茎叶、竹笋、植物嫩叶、果实为食，也吃小鸟和鸟卵。生活于海拔 1600～3000 米的高山上，是一种喜欢湿润而又比较耐高寒的森林动物。它们很善于爬树，大多数的时间都是在树上活动。

鹿中之王——白唇鹿

白唇鹿体态优雅，体长约 2 米，肩高约 1.3 米，体形与水鹿、马鹿很相似。耳朵长而尖，泪窝大而深，蹄较宽大。雄鹿有两只大角，每只角上有 4~5 个分叉，眉枝与次枝相距远，次枝长，主枝略微有点侧扁。白唇鹿通体呈暗褐色（冬季）到黄褐色（夏季），臀斑淡棕色。由于白唇鹿的唇周围和下颌均为白色，故名“白唇鹿”。

白唇鹿是一种生活于高寒地区的山地动物，主要栖息在海拔 3500 ~ 5000 米的高寒森林、灌丛或高山草原上。白天常常隐于林缘或其他灌木丛中，也攀登水流石滩和裸岩峭壁，善于爬山奔跑。白唇鹿有季节性垂直迁徙的习性，它们宽大的蹄子便于翻山越岭，作长途迁移。喜欢集群生活，日行性，无定居，耐饥寒。

档案 Dang'an

又　　称：岩鹿、白鼻鹿、黄臀鹿

分布区域：中国青海、甘肃、四川西部、西藏东部地区

动物学分类：脊索动物门—哺乳纲—偶蹄目—鹿科—鹿属

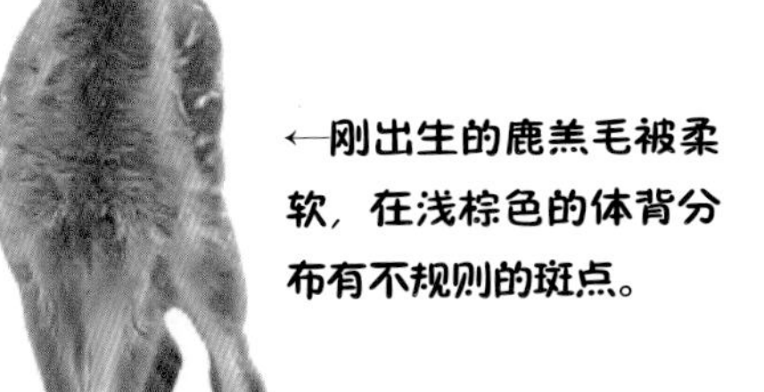

←刚出生的鹿羔毛被柔软，在浅棕色的体背分布有不规则的斑点。

鹿中之王

白唇鹿被称为“鹿中之王”，主要是因为它的药用价值闻名天下，鹿茸、鹿胎、鹿筋、鹿鞭、鹿尾、鹿心及鹿血都是名贵的中药材。

人们对白唇鹿大肆猎杀，使这一珍贵种群越来越罕见。我国已将其列为一级保护动物，各地都采取了有效措施，对其进行保护。

传奇生物——鹿豚

鹿豚是印度尼西亚苏拉威西岛及附近岛屿的传奇动物，分为3种——汤加鹿豚、苏拉威西鹿豚和金毛鹿豚，各自生活在不同的岛屿上。早年来到印度尼西亚的欧洲人不知鹿豚为何物，17世纪的画作将它描绘得像一只狗。

鹿豚的体长不超过1.1米，体毛稀疏且短，腿很长，毛皮很厚。听觉非常敏锐，嗅觉也十分发达。善于游泳，能跨海游到比较近的岛屿上。

档案 Dang'an

又　　称：猪鹿
分布区域：印度尼西亚的部分岛屿
动物学分类：脊索动物门—哺乳纲—偶蹄目—猪科—鹿豚属

传奇生物

印度尼西亚人之所以将鹿豚称为“猪鹿”，是它的四肢比较长，因而误认为其是鹿和猪杂交的后代。尽管鹿豚外表像猪，但关于它的祖先还存在疑问。与鹿豚关系最近的是一种欧洲猪，大约3500万年前便已灭绝。基因研究显示，鹿豚与河马也有很近的亲缘关系。

我有4颗奇特的长牙

鹿豚与其他哺乳动物的不同之处在于，雄性鹿豚长有4颗奇特的长牙。其中下獠牙和野猪一样凸出唇外，挡在眼睛的前方；上獠牙从口腔中向上长，穿出上颚骨和脸部，在眼睛斜前方弯曲向后。雄性鹿豚的长牙各有不同，有的格外洁白规整，有的弯向前额，有的在眼前交叉，还有的残缺不全。

动物界的活跃分子

鹿豚喜欢群居生活，每群由8～15名成员组成，由一头成年的雌性鹿豚担任首领，其余成员为雌性鹿豚和小鹿豚，雄性鹿豚在非繁殖季节独立生活。鹿豚常出没于河湖岸边之地，平时喜欢在潮湿的泥地里打滚。鹿豚在树上磨尖它们的牙齿，并在冲突时用尖牙攻击对手。它们白天活动，清晨显得极为活跃。鹿豚善于在林间奔跑，奔跑速度很快。

非洲大陆上的“角斗士”——白犀牛

Dang'an 档案

又　　称：白犀
分布区域：非洲
动物学分类：脊索动物门—哺乳纲—奇蹄目—犀科—白犀属

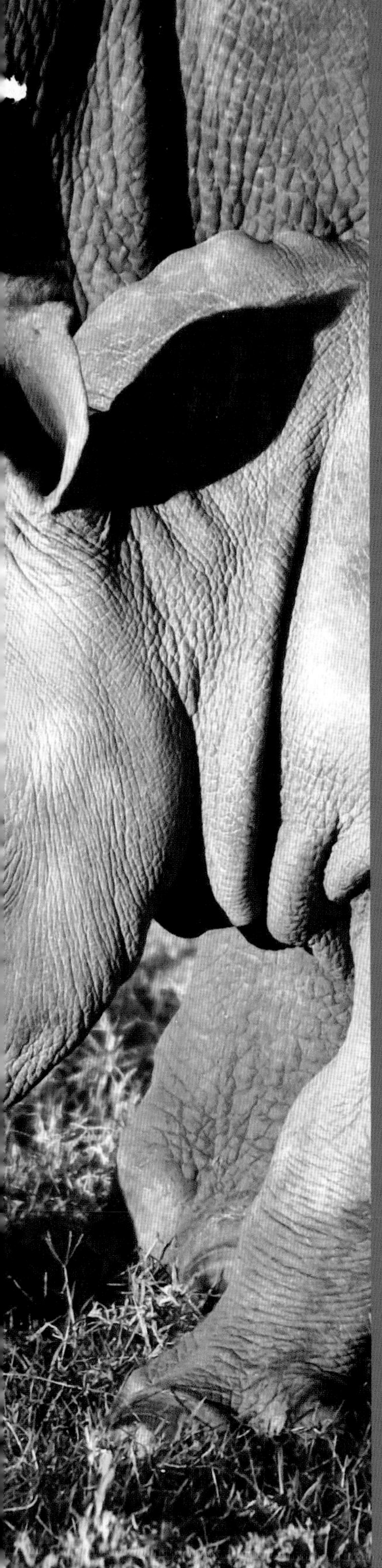

白犀牛有“犀牛之王”之称，是濒临绝种的受保护野生动物，属于草食性动物。白犀牛是白色的吗？其实，白犀牛并不是白色的，而是蓝灰色或棕灰色。白犀牛的鼻梁上长着两只奇特的角，前角长而向后弯，长度一般为 60 ~ 90 厘米，最长纪录超过 1.5 米；后角长度一般在 50 厘米以下。

白犀牛有两个亚种——北部白犀牛和南部白犀牛。北部白犀牛生活在刚果民主共和国的瓜兰巴国家公园里，而南部白犀牛一直以来都被认为已经灭绝，直到 1895 年在南非被再次发现。目前，野生白犀牛仅生长于乌干达和尼罗河上游，约 4000 头。

时刻不忘标识自己的领地

从外表上看，白犀牛体色由黄棕色到灰色，耳朵边缘与尾巴有刚毛，身体其余部分则无毛，上唇为方形。犀牛的视力很差，主要依靠听觉和嗅觉，奔跑时速可达 40 千米。白犀牛通常成群活动，群中通常是母犀牛与小犀牛，成年的雄犀牛则多半是独居。

白犀牛的性格很温和，如果别的动物不去招惹它，它通常都不会主动地发起攻击。但是，白犀牛的领地意识很强，它们会以撒尿及散布粪便的方式来标识自己的领地。在争夺领地时，他们会互相用角攻击。

犀牛的“警卫员”

白犀牛身体庞大，四肢粗壮，皮肤坚硬，看起来很威武，但是它却很需要一个“助手”——犀牛鸟。皱褶下面的皮肤非常娇嫩，神经、血管密布其间；加上它喜欢在水泽泥沼中滚爬，时间久了，皱褶里就会滋生各种寄生虫，叮咬它的皮肤，疼痒难忍。停歇在犀牛背上的犀牛鸟，有尖长的嘴巴。它们常结成小群，在犀牛背上跳来跳去，有时它还跑到犀牛的肚子下面或腿之间，或毫不客气地跑到犀牛的嘴巴或鼻尖上去，不停地啄食犀牛皮肤皱褶里的小虫。这样既填饱了自己的肚子，又清洁了犀牛的身躯。所以人们常称这些犀牛鸟为犀牛的“私人医生”。由于犀牛眼睛很小，视力差，所以每当发生险情时，这些视觉良好的鸟类“盟友”便会立即向自己的伙伴发出警报，先是跳到它的背上，然后飞起来，大声啼叫并在上空盘旋，这时犀牛就会进入“戒备状态”了。所以也有人把犀牛鸟称为犀牛的“警卫员”。

泥地里的“小坦克”——中美貘

中美貘主要栖居于茂密的热带雨林中，是中美洲体形最大的一种貘。它们的躯体粗壮、腿短，体长 1.8 ~ 2.5 米，肩高 1.2 米，平均体重超过 280 千克。

中美貘的鼻部与上唇发育成厚而柔软的筒状吻，可以用来钩住树叶送入嘴内。上唇比马来貘的短，但尾较长些，有 6 ~ 12 厘米。全身呈棕黑色，头和颊部的颜色较浅，唇边、耳尖、喉和胸部有白色斑块，这是中美貘独有的特征。

Dang'an 档案

又　　称：拜氏貘

分布区域：墨西哥南部至哥伦比亚和厄瓜多尔的安第斯山以西地区

动物学分类：脊索动物门—哺乳纲—奇蹄目—貘科—貘属

三十六计，走为上策

中美貘为林栖动物，通常单独生活，喜欢栖息在靠近水源、植被丰富的地方。它们白天休息，夜间出来觅食，以水生植物、树叶、细树枝、嫩芽与低矮植物的果实等为食，有时也会损坏庄稼。它们喜欢在泥中跋涉、水中嬉戏；善于游泳和攀登，能快速地越过崎岖的道路；耐热性较强，但不喜欢阳光直晒。中美貘生性机警、胆怯，嗅觉与听觉都很敏锐，但视觉差，遇到危险时会逃到水中或冲入茂密的丛林里。

中美貘没有固定的繁殖季节，多在 5 – 6 月间发情交配，孕期 13 ~ 13.5 个月。每胎产 1 崽，幼崽重 7 ~ 9 千克，全身棕褐色，有白色斑点和条纹，数月后逐渐消失。哺乳期约 3 个月，3 ~ 5 岁达到性成熟，寿命 20 ~ 25 年。

我和妈妈的颜色
不一样哦！

大鼻子家族——长鼻猴

长鼻猴的主要特征是又大又长的鼻子，不过用途并不是很清楚，有可能是性选择的结果。雄猴随着年龄的增长鼻子越来越大，最后形成像茄子一样的红色大鼻子。它们的鼻子可垂过下颌，能上下左右摇晃，不影响吃食。它们激动的时候，大鼻子就会向上挺立或上下摇晃，样子十分可笑。而雌猴的鼻子却比较正常。

雄猴要比雌猴大许多，一般体长72厘米，体重24千克。雌猴体长只有60厘米，体重12千克。

长鼻猴的腹部较大，其消化系统分为好几部分，有助于其消化树叶。在猴类中，长鼻猴是对饮食非常讲究的一种，胃口也很大。它们的食物除树叶外，也包括水果和种子。

长鼻猴主要产于东南亚加里曼丹岛岸边的红树林、沼泽及河畔的森林，为加里曼丹的特有动物。

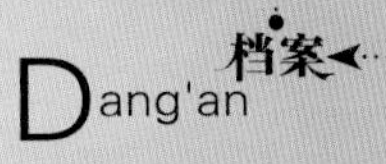

又　　称：天狗猴

分布区域：东南亚加里曼丹岛

动物学分类：脊索动物门—哺乳纲—灵长目—猴科—长鼻猴属

瞧我们这一大家子

长鼻猴喜群居，常常10～30只集为一群。善游泳，常在河中一边寻觅食物，一边打闹玩乐，但有时它们也能静下来一动不动地待上几小时。雄猴的鼻子可以发出独特的喇叭般的叫声。幼猴很调皮，常戏弄父母，一会儿拧它们的鼻子，一会儿摇它们的尾巴。

到了求偶季节，雄猴就会用它的长鼻子向雌猴献殷勤，讨得雌猴欢心。长鼻猴的孕期约为166天，每胎产1崽。

长鼻猴的境遇

由于长鼻猴的栖息地遭到严重破坏，导致其数量越来越少，有濒临灭绝的危险，因此被列入《濒危野生动植物种国际贸易公约》附录Ⅰ中。

像人类一样直立行走——环尾狐猴

又　称：节尾狐猴
分布区域：非洲马达加斯加岛
动物学分类：脊索动物门—哺乳纲—灵长目—狐猴科—狐猴属

环尾狐猴主要分布于非洲马达加斯加岛。它的头很小，耳朵很大，两只耳朵都长了很多茸毛，头部两侧也是长毛丛生，吻部长而且凸出，下门齿呈梳状，使得整个面部看上去宛如狐狸，所以被称为狐猴。环尾狐猴的脸像狐狸，身体却像猴类，体长 30 ~ 45 厘米，尾长 40 ~ 50 厘米。环尾狐猴浑身浅灰色，背部略显灰褐色，腹部灰白色，额部、耳背和颊部为白色，吻部、眼圈呈黑色。环尾狐猴得名于其尾部黑白相间的 11 ~ 12 条环状花纹，这一特征是其他种类狐猴所没有的。

像人类一样直立行走

环尾狐猴的后肢比前肢长，所以攀爬、奔跑和跳跃的能力都非常强，可以在树枝间一跃 9 米，它的掌心和脚底长着长毛，可以增加起跳和落地时的摩擦力从而不会滑倒。它甚至能够像人一样直立行走，长长的尾巴起到的平衡作用是不可忽视的。由于环尾狐猴前肢短软无力，所以下树的时候头上脚下倒退着地。

看我们的秘密武器

环尾狐猴身上有 3 处臭腺，分布于肛门和腋窝等处，这些臭腺能分泌出一种臭气刺鼻的体液，可作为它们出行时的路标和领地的记号。其中有一处臭腺，长在腕关节内侧。雄猴的腺体比雌猴发达，除了在繁殖季节用作争雌工具外，还可以当作御敌的武器。外敌进犯时环尾狐猴弯曲手臂并用尾巴摩擦腕部和腋窝使体液挥发，尾巴不停甩动，把臭气扇向敌人，据说效果相当明显。雄猴腺体的发达程度直接决定了它在猴群中的地位，因此环尾狐猴非常重视卫生，经常互相梳理毛发。

两岸猿声啼不住——领狐猴

Dang'an 档案

又　　称：领毛狐猴、斑狐猴、黑白领狐猴
分布区域：非洲马达加斯加岛东部的赤道雨林
动物学分类：脊索动物门—哺乳纲—灵长目—狐猴科—领狐猴领

领狐猴是狐猴科中体形最大的一种，目前的数量已经非常稀少，属于珍稀保护物种。

领狐猴体长 60 ~ 75 厘米，最令人叫绝的是它们那条长长的尾巴，几乎与身体等长。眼珠金黄色，总是瞪得圆圆的，非常可爱。

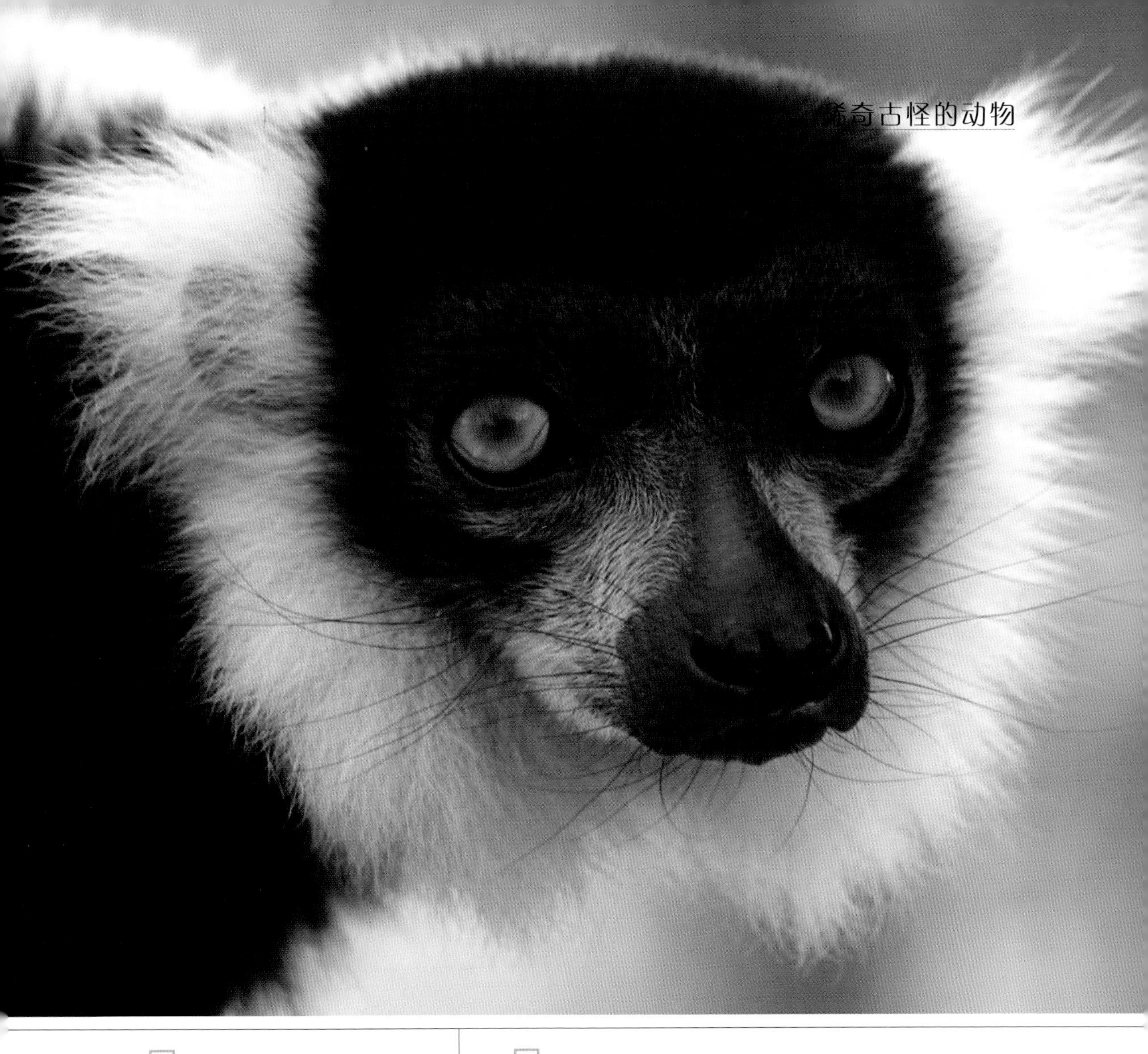

请记住我们的警告

领狐猴的生活习性与其他狐猴相近，但又有许多与众不同之处：它们整个猴群很像是一个小社会，而组成社会的小单元就是一夫一妻的家庭，居群之间虽无领土防御行为，但其沙哑的、拉锯般的啼叫，就是相互警告的信号。

两岸猿声啼不住，轻舟已过万重山

我国著名诗人李白曾写过这样的诗句："两岸猿声啼不住，轻舟已过万重山"。形容的就是猿猴高亢的叫声。领狐猴的叫声也是如此，当它们开始用各种声调不同的叫声交流的时候，那种独特的声音在森林中此起彼伏，遥相呼应。群猴"齐唱"时，叫声忽高忽低，沙哑而苍凉，常会给神秘幽暗的森林增添些扑朔迷离的气氛。

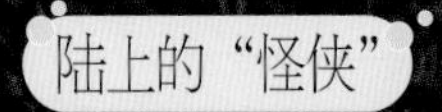

拥有代表地位的獠牙——山魈

山魈体形粗壮，体长61~76厘米，雌性平均体重11.5千克，雄性平均体重25千克。它们栖息于热带树林，喜欢多岩石的小山。白天在地面活动，也上树睡觉。以水果、核果、昆虫、蜗牛、蠕虫、蛙、蜥蜴、鼠等为食。

档案 Dang'an

又　　称：鬼狒狒
分布区域：刚果、加蓬、尼日利亚、喀麦隆、赤道几内亚
动物学分类：脊索动物门—哺乳纲—灵长目—猴科—山魈属

名字的故事

山魈的头大而且长，鼻骨两侧都有一块骨质凸起，上面有纵向排列的脊状凸起，脊间为沟，外表是绿色皮肤，脊间是鲜红色的。雄性每侧大约有 6 条沟，其红色部分延至鼻骨和吻部周围。这种色彩鲜艳的特殊图案形状很像鬼怪，因而人们称其为“山魈”。

地位的象征

山魈有浓密的橄榄色长毛，马脸凸鼻，血盆大口，獠牙越大表明地位越高。雄性山魈脾气暴烈，性情多变，力气很大，有极大的攻击性和危险性！

山魈结群生活，每个群落有 600 余只，领头的老雄猴力大无比而且勇猛善战，牙齿长而尖利，爪子也锋锐有力，对各种敌害均具有威胁性。

凶猛好斗的性格

山魈是最凶狠的和体形最大的猴，栖息在热带雨林多石少树的丘陵地区，结群活动，多在地面，很少上树。食果实和植物类以及小动物。

山魈凶猛好斗，胆大暴躁，能与猛兽搏斗。发起怒来，连小型豹子也对它们敬畏三分。它们的智商也相当高，和狒狒相当，是最聪明的猴类之一。

灵长类中的大眼精灵——松鼠猴

松鼠猴是一种产于南美洲的小型猴类，体长 20～40 厘米，但是尾巴却长达 42 厘米，可以缠绕在树枝上。

松鼠猴体形纤细，毛厚而且柔软，体色鲜艳多彩，口缘和鼻吻部为黑色，眼圈、耳缘、鼻梁、脸颊、喉部和脖子两侧均为白色，头顶是灰色到黑色；背部、前肢、手和脚为红色或黄色，腹部呈浅灰色。它们具有一对眼距宽宽的大眼睛和一对大耳朵。

松鼠猴主要以果子、坚果、昆虫、鸟卵等为食，寿命 10～12 年。

松鼠猴体形娇小、长相可爱、不具有攻击性，近年来深受世界各地动物园的欢迎，具有很高的观赏价值。

档案 Dang'an

分布区域：南美洲

动物学分类：脊索动物门—哺乳纲—灵长目—卷尾猴科—松鼠猴属

我的地盘我做主

松鼠猴生活在原始森林、次生林及耕作地区，通常在靠近溪水的地带活动。松鼠猴是树栖动物，偶尔也到地上活动。它们白天活动，通常喜欢 10～30 只为一群，有时达上百只甚至更多的大群。各群都有自己的地盘范围，并用肛腺的分泌物标记地盘范围。它们活泼好动，喜欢在树枝间跳来跳去。

请欣赏我们的各种叫声

松鼠猴的叫声共有 26 种不同声调，变化相当多。在不同情况下，它们的叫声也不一样，有啼叫、嚎叫和尖叫的区别。例如在寻找食物时，它们会发出唧唧声和啾啾声，互相联络；交配时，会发出嘎嘎声和低沉的震颤声；生气打斗时，会发出吼叫声。

头顶可爱“发旋”——熊猴

档案
Dang'an

又　　称：菩猴、山地猕猴、阿萨姆猴
分布区域：印度、尼泊尔、不丹、缅甸北部、泰国北部、老挝、越南及中国云南、广西、西藏、贵州等地
动物学分类：脊索动物门—哺乳纲—灵长目—猴科—猕猴属

熊猴憨态可掬，体胖如熊，性情粗暴，所以取名为“熊猴”。熊猴多栖息于热带、亚热带高山森林，主要吃野果、树叶、嫩芽、细枝、花朵等，也吃昆虫和鸟卵。熊猴的总数量不超过 30 万只，其中有两万余只在保护区中。熊猴在我国的分布区相对较小，远不及猕猴和短尾猴，数量约 8000 只。

头顶有“发旋”的小可爱

与猕猴相比，熊猴头大、面长、吻部凸出。头顶具有“发旋”，从中间向四周发散。面部呈肉色。体毛蓬松呈棕黄色，稍具光泽，头、颈毛发为淡黄色，肩部的毛较背部的毛长；尾下垂，长度不及体长的一半，尾毛蓬松，毛稀呈褐色；臀部周围多毛。

雌、雄大不同

熊猴个体略大于猕猴，雄性体长 51 ~ 73 厘米，体重 6 ~ 19 千克；雌性较小，体长 42 ~ 62 厘米，体重 5 ~ 9 千克。与一般灵长类不同，熊猴的皮下脂肪较多，抗寒能力也比其他猴类要强。

雌性熊猴性成熟年龄约在 4.5 岁，雄性约 3 岁。人工饲养的熊猴寿命最长为 16 年。熊猴全年均有交配现象，孕期 168 天左右，分娩期为每年的 3 – 7 月，每次产 1 崽。雌性熊猴很爱护幼崽，总把幼猴抱在胸前。

多姿多彩的生活

熊猴喜欢在树上活动，为昼行性动物，多以 20 ~ 30 只结群活动，猴群成员之间的关系既复杂又有趣。它们能够做出多种表情，发出相互间联络的信号。叫声有二三十种不同声调，啼声有如犬吠而且略带哑声。性情不像猕猴那么活跃，但遇险逃遁时动作十分迅捷。

林中“飞人”——白面僧面猴

档案
Dang'an

又　　称：南美白脸猴、白脸狐尾猴
分布区域：巴西、法属圭亚那、圭亚那、苏里南、委内瑞拉等地
动物学分类：脊索动物门—哺乳纲—灵长目—僧面猴科—僧面猴属

白面僧面猴体长 33 ~ 35 厘米，尾长 34 ~ 45 厘米，为树栖性猴类，并且择木而栖。它们都是日间活动，经常在亚马孙河盆地的常绿雨林活动，食物以果实、树叶、花朵或者昆虫为主。

一夫一妻的小生活

白面僧面猴很传统，它们都是雌雄成对的，会以彼此为终生伴侣，过着一夫一妻以家庭为单位的小群体生活，每胎只产一崽。雌性白面僧面猴的毛色与雄性的有明显区别，这在灵长目是不常见的。

树林中的“飞人”

白面僧面猴的脸圆而略扁，脸盘上布满了短短的茸毛，就像老和尚的脸。别看它们身躯粗大，身手却相当灵活，能飞跃相距达 10 米的树枝，因而又被称为“飞猴”。

抵抗毒素的秘密武器

在大自然中，植物在遭受敌人侵害时不能用逃跑或者躲避的方式来保护自己，于是它们便发育出能够自保的武器——毒素。

白面僧面猴以植物为食，因此必须面对形形色色的植物毒素。为了抵抗植物的毒素，白脸僧面猴有着自己的秘密武器——一条特别长的肠道。别看这些白面僧面猴的体形比家猫大不了多少，但是它们的肠子却与大猩猩的一样长。所以那些会令其他动物中毒的树叶和种子，对白面僧面猴来说通常是没有什么威胁的。

陆上的“怪侠”

天生的胆小鬼——毛鼻袋熊

Dang'an 档案

分布区域：澳大利亚

动物学分类：脊索动物门—哺乳纲—有袋目—袋熊科—毛鼻袋熊属

毛鼻袋熊是澳大利亚的特有动物，体重 25 ~ 28 千克，体长 95 ~ 105 厘米，尾巴长约 5.5 厘米，于是形成了又矮又胖的体形，就像一只大兔子，看起来非常可爱。毛鼻袋熊的四肢粗短，前肢的趾头长，趾甲坚硬，常常用来在地面挖洞筑巢；体毛长，呈绢毛状，头被覆咖啡色绒毛，外耳长，尖部有白色长毛。

惹人怜爱的胆小鬼

毛鼻袋熊天生胆小，但在走投无路的时候也会摆出威吓的架势，踢敌害并发出“嘶嘶”的叫声。当地面食物短缺时，它们也会像海狸那样咬倒树木吃树叶，还能像大熊猫那样用前爪握住树枝，吃上面的叶子。

毛鼻袋熊居住在洞里，它们挖掘的洞深而长，有时能达 30 米，在洞的末端铺上草。白天在洞中休息，夜间出来觅食，食物主要为植物的地下茎及草根，有的时候也吃青草和树叶。它们过着独居的生活，只有在繁殖季节雌雄才到一起，但是在交配后不久，雌兽就会把雄兽赶跑。

由于栖息地遭到破坏和人类的捕杀，毛鼻袋熊已经濒临灭绝。澳大利亚政府已在毛鼻袋熊的主要栖息地设立国家公园，对其进行保护。

第2章 空中的“舞者”

危害龙眼的昆虫——龙眼鸡

龙眼鸡主要吸食多种南方果树的汁液，如龙眼、荔枝、番石榴等。因其主要危害龙眼，故而得名“龙眼鸡”。

龙眼鸡体色美丽，非常惹人喜爱。2000 年中国香港特别行政区发行的一套 4 枚昆虫邮票中，其中的一枚便是龙眼鸡。

Dang'an 档案

又　　称：长鼻蜡蝉、龙眼蛾
分布区域：中国湖南、广东、广西、云南等地
动物学分类：节肢动物门—昆虫纲—同翅目—蜡蝉科—东方蜡蝉属

长着象鼻子的龙眼鸡

看着龙眼鸡，小朋友们最感兴趣的一定是它那微微向上弯曲的长鼻子了，这是头部额区延伸的象鼻，长度约等于胸腹间的距离。背面红褐色，腹面黄色，上面散布许多小白点，而且覆盖有白色的蜡粉。

在龙眼鸡成虫时候，身体是橙黄色的，体长 37 ~ 42 毫米，翅展 70 ~ 80 毫米，前翅革质，呈绿色，散布着很多圆形或者方形的黄色斑点，看起来很是艳丽；后翅是橙黄色，半透明，顶角部分为黑色。

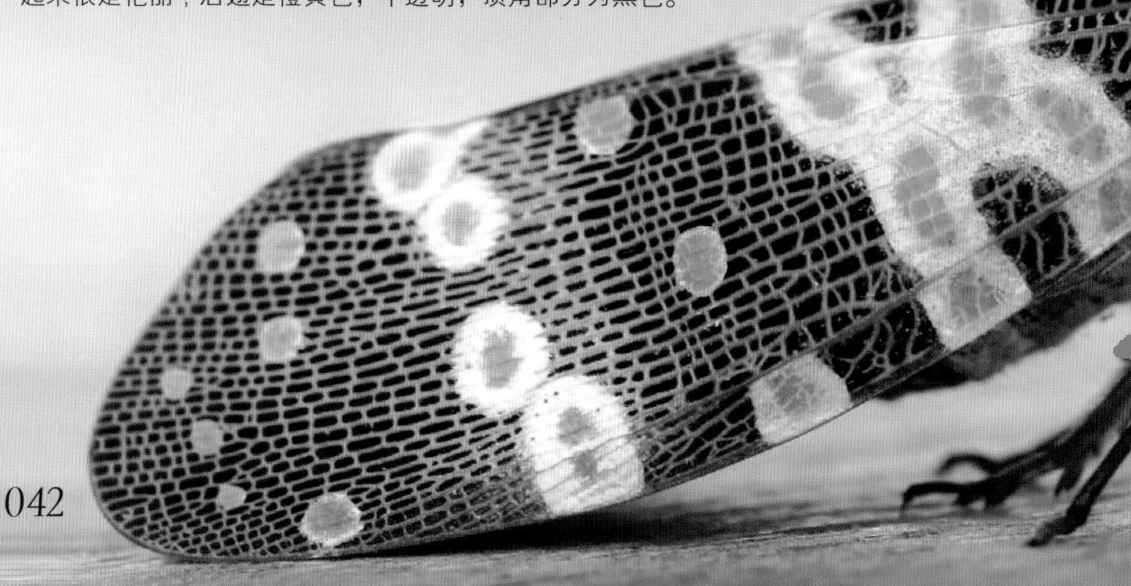

龙眼鸡是以成虫静伏的状态在果树枝条分叉处下侧来越冬的。第二年3月上中旬开始恢复活动，刺吸主枝干来取食汁液，补充营养。5月为交尾盛期，交尾后7～14天开始产卵，卵块多产于离地面1.5～2米树的主干或主枝上，通常每只雌虫仅产1个卵块，每块有卵60～100粒。卵期20～30天，平均25天。6月份卵陆续孵出若虫，初孵若虫有群集性，静伏在卵块上1天后才开始分散活动。9月出现新成虫。若虫善弹跳，成虫善跳能飞。一旦受到惊扰，若虫便弹跳逃逸，成虫迅速弹跳飞逃。

“眼睛”御敌——猫头鹰环蝶

猫头鹰环蝶主要靠模仿凶猛的动物——猫头鹰来御敌，是举世闻名的大型蝶类。最让我们惊讶的就是它那对大翅膀，整个翅面都酷似猫头鹰的脸，其实这正是它极其巧妙的伪装。

猫头鹰环蝶是每一个蝴蝶收藏家都想得到的精品蝴蝶。它们常常避开明亮的日光，选择黄昏和夜间在森林里活动，寻找它们喜欢吃的发酵果实。幼虫主要寄居在竹或凤梨科植物上，极大地危害寄主植物。

档案
Dang'an

又　　称：猫头鹰蝶

分布区域：墨西哥、南美等地区的热带雨林

动物学分类：节肢动物门—昆虫纲—鳞翅目—蛱蝶科—猫头鹰环蝶属

令捕食者闻风丧胆的伪装术

猫头鹰环蝶的翅膀正面色彩亮丽，但后翅的反面上却有斑点，看起来像猫头鹰的眼睛。猫头鹰环蝶的名字就来源于它们翅膀上的图案。这图案看起来有点凶神恶煞，但这正是猫头鹰环蝶恐吓附近的掠食者的一种方式。这种伪装也是一种警戒色。猫头鹰眼睛图案的功能就是欺骗捕食者，让对方误认为正有一只大眼睛的动物在恶狠狠地瞪着它们呢，敌人见了自然也会闻风丧胆，逃之夭夭。

再强的伪装也有弱点

对于猫头鹰环蝶翅膀的眼斑，有一些生物学家认为，这种图案或许还有另外一层含义，那就是蝴蝶下层翅膀是身体比较脆弱的部分，这样的图案就是为了恐吓捕食者，让它们不敢轻易对下层翅膀下手，即使要下手也是攻击上层比较硬的翅膀。

世界上最大的蛾——乌桕大蚕蛾

档案
Dang'an

又　　称：皇蛾、阿特拉斯蛾、蛇头蛾、蛇头蝶、霸王蝶、霸王蛾等
分布区域：中国及东南亚
动物学分类：节肢动物门—昆虫纲—鳞翅目—大蚕蛾科—大蚕蛾属

乌桕大蚕蛾是鳞翅目大蚕蛾科中一种大型的蛾类。雄蛾的触角呈羽状，而雌蛾的翅膀形状比较宽圆，腹部比较肥胖。光是它头上的羽状触须，每根就要比鸡、鸭头上的羽毛大得多。前翅顶角显著突出，体翅赤褐色，前、后翅的内线和外线为白色，内线的内侧和外线的外侧有紫红色镶边及棕褐色线，中间夹杂着粉红及白色鳞毛，两翅均有三角形透明斑。这种蛾类数量稀少，很是珍贵，是属于受到保护的种类。

世界上最大的蛾

乌桕大蚕蛾的翅展可达 20 多厘米，比成人的手掌还要长。在哥斯拉系列科幻电影中的著名怪兽摩斯拉，就是以乌桕大蚕蛾作为原型的。乌桕大蚕蛾展翅后的翅幅几乎也是世界上最长的，雌性的体积普遍较雄性为巨。不过，如果只纯粹计算翅幅的话，乌桕大蚕蛾要屈居于有“白巫蛾”之称的强喙夜蛾之下。

Atlas moth——蛇头蛾

乌桕大蚕蛾的英语名字是 Atlas moth，这个名字源自希腊神话中的阿特拉斯，也有可能是因为它的翅膀长得像地图。而在中国香港，乌桕大蚕蛾又被称为“蛇头蛾”，原因是乌桕大蚕蛾的前翅末端部分，其翅面呈红褐色，前后翅的中央各有一个三角形无鳞粉的透明区域，周围有黑色带纹环绕，前翅端整个区域向外明显地突伸，像是蛇头，是鲜艳的黄色，上缘有一枚黑色的圆斑，看起来就像蛇眼，有恫吓天敌的作用，因此又叫做蛇头蛾。

生命的延续

大部分乌桕大蚕蛾都以栗色为主色，身体呈三角形，关于乌桕大蚕蛾为什么会拥有如此夸张而梦幻的翅膀，暂时并没有明确的解释。乌桕大蚕蛾的身体有毛，和它的翅膀比起来，显得非常细小。乌桕大蚕蛾根据地域及亚种的不同而有着不同的体纹以及体色。雄性乌桕大蚕蛾的体型以及翅膀都比雌性的小，然而其触须却比雌性乌桕大蚕蛾的宽阔而稠密。成虫后的乌桕大蚕蛾口部器官会脱落，因此不能进食，它们仅仅依靠在幼虫时代所吸取的剩余脂肪来维持生命，一两个星期之后便会慢慢地死去。

谁能识破我的伪装术——毛虫

Dang'an 档案

又　　称：毛毛虫
分布区域：全球均有分布
动物学分类：节肢动物门—昆虫纲—鳞翅目

毛虫是鳞翅目昆虫的幼虫，体形呈圆柱形，分 13 节，有 3 对胸足和数对腹足。头两侧各有 6 眼，粪便带毒。虽然称它们为“毛虫”，但不是每种毛虫都有毛。有些表面光滑，也有些长有肉角，还有些长有臭角。常见的毛虫多数为蝶或蛾的幼虫，这些幼虫动作缓慢、身体柔软而且营养丰富。多数幼虫是没有防御能力的，但对于敌害，它们有很多逃避的方法。毛虫的成长速度非常快。它们靠着天生的利齿大嚼蔬菜和树叶。

都是毛虫！

我们像不像外星
生物？

空中的“舞者”

当之无愧的伪装大师

毛虫被称为动物界排名第七位的伪装大师。因为毛虫面临的敌人数不胜数，这也正是毛虫成为伪装高手的原因。

毛虫可以巧妙地躲过各种危机，比方说一些毛虫擅长偷窃，它们会从植物中窃取毒素，从而拥有了致命的毒刺。情况危急时，毛虫会做出凶恶无比的假象来阻止敌人的攻击。不管怎样，即使鸟类非常饥饿，它们也不敢轻易地招惹这些像小蛇一样的毛虫。还有一种鸟粪毛虫，它通过将自己伪装成位于食物链底层像鸟粪一样的东西，来避免成为捕食者的美餐。

竹节虫是一种非常有趣的生物，静止时栖息在竹子等植物上，具有拟态和保护色，不容易被发现。雄虫比较活泼，昼夜活动，一般夜间取食比较多。

拥有闪色法的伪装大师——竹节虫

Dang'an 档案

分布区域：热带和亚热带地区

动物学分类：节肢动物门—昆虫纲—竹节虫目

“闪色法”

大多数竹节虫没有翅膀。有翅膀的那些竹节虫当中，有的翅膀色彩非常亮丽，当它受到侵犯飞起时，突然发出闪动的彩光来迷惑敌人。这种彩光只是一闪而过，当竹节虫着地，收起翅膀时，这些光就突然消失了，这被称为“闪色法”，是许多昆虫逃跑时使用的一种方法。

伪装大师

竹节虫算得上是著名的伪装大师了。当它栖息在树枝或者竹枝的时候，活脱脱的就像一枝枯枝或枯竹，很难分辨清楚。竹节虫这种以假乱真的伪装本领，在生物学上称为拟态。有些竹节虫在受到惊吓后，落在地上还能装死不动，有助于逃避天敌的侵害。

历史故事

或许很多人还不知道，竹节虫是一种非常古老的生物，演化的年代甚至比恐龙还早。澳大利亚科学家发现，原本以为 80 多年前已经被野鼠吞噬殆尽的史前竹节虫，现在仍有几只栖息在澳大利亚外海的岛屿上。这个发现令科学家们兴奋不已，不过，目前所发现的这几只侏罗纪时代便存在的竹节虫全部都是雌性，是自成体系的母系社会。

Dang'an 档案

又　　称：山和尚、臭姑鸪、鸡冠鸟
分布区域：欧洲、亚洲和北非地区
动物学分类：脊索动物门—鸟纲—佛法僧目—戴胜科—戴胜属

戴胜性情活泼，能适应多种多样的环境，在山地、平原、林区、草地、农田、村边、果园甚至石滩都可以生存。当鸣叫或受到惊吓时，羽冠会高高竖起再慢慢落下，非常有趣。鸣叫时上下点头。繁殖季节，雄鸟偶尔会有银铃般悦耳的叫声。

又懒又臭的“山和尚”——戴胜

“臭姑鸪”

从外形上看，戴胜的体长约 30 厘米，有长而尖的耸立型棕栗色丝状羽冠。头、上背、肩及下体黑褐色，杂有棕色和白色斑点，两翼及尾部具有黑白或棕白相间的条纹。喙很长，虹膜为褐色，嘴和脚均为黑色。

大家可能不知道羽毛这么漂亮出众的戴胜却懒得出奇，它们不爱清理雏鸟的粪便，因而它们的巢内常常是脏物堆积、臭气四溢。再加上它们的尾脂腺能分泌出一种恶臭的油液，所以又有“臭姑鸪”之名。

人类的好朋友

戴胜主要觅食地面上的各种昆虫、蠕虫和幼虫，以半翅目、鞘翅目、鳞翅目类昆虫为主，所食害虫有金针虫、天牛幼虫、蝼蛄、行军虫等森林害虫。因此，戴胜是林业、农业益鸟。

被误解为不吉祥的鸟

由于戴胜时常在人迹罕至的荒野和墓地附近出没，用它那长而弯曲的嘴掘取地面或是腐朽棺木中的昆虫，不明就里的人还以为它们是以坟墓中的尸体为食，所以在一些人的眼中，戴胜是一种不吉祥的鸟。

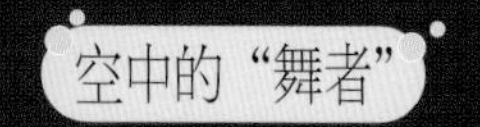

处处为家——紫胸佛法僧

Dang'an 档案

分布区域：撒哈拉以南非洲及阿拉伯半岛南部

动物学分类：脊索动物门—鸟纲—佛法僧目—佛法僧科—佛法僧属

紫胸佛法僧是中等攀禽，广泛分布在撒哈拉以南非洲及阿拉伯半岛南部，喜欢广阔的林地及大草原。紫胸佛法僧是博茨瓦纳及肯尼亚的国鸟。

攻击只为繁殖

就像它们的名字一样，我们一眼就可以看出，紫胸佛法僧的胸部均为紫色，色彩鲜明，喙粗壮而宽，呈锥形，尾巴很长，而且大多数都是方形的，它们典型的羽色为蓝、绿色，雄鸟和雌鸟的颜色看起来很相似。它们一般是独居或者成对的，主要吃昆虫、蜥蜴、蜘蛛、小型哺乳动物及小鸟。它们会在树洞或者岩洞中筑巢，也会占用喜鹊等鸟类的旧巢来安家繁殖。紫胸佛法僧每次会生 1 ~ 8 枚蛋，双亲会齐心协力一同孵化鸟蛋。在繁殖期间，它们会变得具有攻击性，雄鸟会飞到高处向下俯冲，发出特别尖锐的声音。

处处为家

紫胸佛法僧的生活环境多样化：从高山至平原，江河湖泊周围；大森林至居民点附近的园林、田野；从水上、土穴中、陆地至空中都是它们赖以生存的环境。

不拘一格的取食方式

紫胸佛法僧擅长久站，也善于飞翔，有时候会像蝴蝶一样纷飞于高空去追逐飞虫，有时候又会突然地急拍翅膀定位于空中的某一点徘徊、窥视水面的猎物，然后会俯冲到水里捕食，空中飞行常是持久性的。取食除以上述飞行方式获得外，还有的于枝头啄食野果，有的在地面啄食掉落的果实或者去追逐虫、蚁。

情愿为爱燃烧——火烈鸟

Dang'an 档案

又　　称：红鹳、火鹳、焰鹳
分布区域：印度、非洲和中南美洲
动物学分类：脊索动物门—鸟纲—鹳形目—红鹳科—红鹳属

火烈鸟是一种大型涉禽，体高 80~160 厘米，体重 2.5~3.5 千克。它的脖子很长，常弯曲成 S 形。通体长有洁白泛红的羽毛。喜欢居住在温暖的地区，有时也会居住在海拔较高的地区。

心酸的浪漫

火烈鸟是一种美丽而又神奇的鸟，淡朱红色的羽毛是它最显著的标志，远远看去，宛如一团火焰，所以被称为“火烈鸟”。如果它们成群落在一个地方，更像一块巨型地毯，遍地通红，光照四方，所以又有“火鹳”“焰鹳”之称。奇怪的是，无论它的羽毛多么美丽，一经拔下就会立刻变为白色。火烈鸟意味着“心酸的浪漫”，属于世界稀有珍禽。

非洲肯尼亚纳库鲁湖的火烈鸟闻名世界，那里也因此被誉为“火烈鸟的故乡”。

“礼仪小姐”的模样

火烈鸟体态优美，在动物界素有“礼仪小姐”的美称。它的嘴形是随着成长而不断变化的。火烈鸟的嘴在幼鸟时期并不弯曲，以后随着成长而开始由直变弯，并逐渐形成了形态奇特却又运用自如的弯曲长嘴。火烈鸟的嘴和眼长得与别的鸟不同。嘴细长弯曲向下，形似仙鹤，色多淡红，基部为黄色。它吃食的时候，总是弯下长长的脖子，头部向后翻转，用它的弯嘴作勺，从水中撮起贝类来吃。它们的眼睛又细又小，与庞大的身躯相比，显得很不协调。

群体飞行壮丽无比

火烈鸟的群体较大，最大的群体上万只。在飞行时有一定队形，和雁一样也有带头鸟。雁行是由单一的个体组成“一”字形或“人”字形的排列，而火烈鸟则不然。

那么，大家一定想知道火烈鸟是怎么来排列的。火烈鸟群体飞行时，玫瑰色的羽毛与阳光相辉映，有如晚霞蔽空，壮丽无比。带头鸟转移方向时，好像一片烈焰在天际扩展延伸。可见，火烈鸟是成片飞行的。

模范丈夫——犀鸟

犀鸟的外形很独特，使我们一眼就能看出它和别的鸟类的不同之处，它们的嘴形粗厚而且很直，嘴上通常具有盔突，就好像犀牛的角一样，这就是它叫“犀鸟”的原因。

犀鸟的体羽具有绿色的光泽，尤其是它的翅膀和尾部更加鲜亮，翅端和尾尖都有一道白斑。它的眼部周围有裸露的部分，雄鸟的呈紫蓝色，雌鸟的呈肉色。犀鸟的眼皮边缘长着长长的睫毛。哺乳动物中普遍都存在睫毛，但是在鸟类中，长有睫毛的十分罕见。

分布区域：非洲及亚洲南部，在中国仅分布于云南西部至南部西双版纳以及广西南部

动物学分类：脊索动物门—鸟纲—佛法僧目—犀鸟科

犀利的大嘴巴

犀鸟头上有一个侧扁的盔突，盔突会随着年龄而增长。嘴和盔突是中空的，里面有足够的空间，可以减轻嘴部的重量，这样的构造使嘴部轻巧但却非常坚固。

辛勤的爸爸妈妈

和所有的鸟儿一样，犀鸟妈妈为了抚育小犀鸟，同样要付出很多辛勤的汗水。

五六月的时候，犀鸟会由群居转为成对，选择距地 16 ~ 33 米处的树洞为巢。雌鸟选好巢址后，在洞底铺一层碎木屑，就在洞内产 1 ~ 4 枚纯白色的卵。产卵后蹲在巢内不再外出，将自己的排泄物混着种子、朽木等堆在洞口。雄鸟则从巢外频频送来湿泥、果实残渣，帮助雌鸟将树洞封住。封树洞的物质掺有雌鸟的黏性胃液，因而非常牢固。最后在洞口留下一个垂直的小洞，供雌鸟伸出嘴尖接受雄鸟的喂食。

妈妈在“闭关修炼”

犀鸟的喂食方式也很特别，这与其独特的生理结构是分不开的。有些种类的雄犀鸟的砂胃内壁在这一时期还会脱离胃壁，形成一个薄囊，用来贮存食物。雌犀鸟从洞盖上的小洞伸出嘴尖，接受雄鸟喂给的食物。直到雏鸟全部孵出，雌鸟才在雄鸟的帮助下啄破洞盖，破门而出。如果在这期间雄犀鸟被害遇难，雌犀鸟就可能饿死。雌鸟在孵卵期间还要脱掉旧羽，换上新羽，因此出洞时雌犀鸟一身新羽，被养得“白白胖胖”。雌鸟出洞后，会立即取代雄犀鸟，承担喂雏的主要任务。也许有人想知道雌犀鸟在“禁闭”期间是怎样处理自己和雏鸟的粪便的。原来，雌犀鸟经常清扫洞穴，把粪便污物叼起抛出洞外。此外，有些雌犀鸟和它们的幼雏还有一套不凡的本领，当它们要排粪时，会把肛门对着洞口，使粪便喷出洞外。

长相怪异的捕鱼能手

——褐鹈鹕

褐鹈鹕是世界上 8 种鹈鹕中体形比较小的一种，它们生活在美国南部加勒比海沿岸到智利沿岸的广大地区，佛罗里达海岸地区是它们的“老家”。褐鹈鹕为珍稀动物，目前已经受到各方面的保护。

档案 Dang'an

分布区域：美国南部加勒比海海岸到智利沿岸的广大地区

动物学分类：脊索动物门—鸟纲—鹈形目—鹈鹕科—鹈鹕属

“傻乎乎”的褐鹈鹕

虽然褐鹈鹕在众多的鹈鹕中属于较小的品种，但是它们展开的翅膀也有 2 米多长，这么大的翅膀是其他鸟类难以企及的！虽然褐鹈鹕在陆地上行走时的样子“傻乎乎的”，但在空中飞行的时候非常潇洒。它们一般成小群飞行，旅途中经常拍动翅膀来协调行动。褐鹈鹕的雌雄成鸟外貌相似，雄性体形要大一些。

捕鱼高手

褐鹈鹕的食物主要以鱼为主，大多数都是靠潜水捕得。褐鹈鹕个个都是捕鱼“高手”，取食时会伸展双翅从空中向下俯冲，在撞击水面的刹那间翅膀向后伸，袋状的大嘴像渔网一样把鱼网住，或者用身体拍击水面，把鱼拍晕，然后叼起。

恩爱的一家人

褐鹈鹕喜欢群居，一个褐鹈鹕群中大约有 1400 只褐鹈鹕。褐鹈鹕的巢建在海岸的红树林边，筑巢产卵的褐鹈鹕都有自己的势力范围。

褐鹈鹕夫妇总是相亲相爱，雌鸟选择筑巢的位置，雄鸟叼来细树枝和长草，雌鸟用一周的时间整理巢穴直到满意为止。褐鹈鹕是一种很温和的海鸟，但是如果有谁胆敢侵入它们的领地，它们就会用长长的喙毫不留情地进攻侵略者。

蓝色大脚怪——蓝脚鲣鸟

蓝脚鲣鸟是一种大型的热带海鸟，它们的嘴长粗而且很尖，呈圆锥形，翅膀比较长，脚粗短。蓝脚鲣鸟的食物有沙丁鱼、凤尾鱼、鲭科鱼、飞鱼等。主要栖息于热带海洋的海岸和岛屿上，除了繁殖期以外，大多数时间都在海上活动。善于飞行和游泳，常以小群飞行于海面的上空或者在海面上游泳。

Dang'an 档案

又　　称：结巴鸟

分布区域：东太平洋海岸至科隆群岛

动物学分类：脊索动物门—鸟纲—鹈形目—鲣鸟科—鲣鸟属

蓝色大脚怪

说到蓝脚鲣鸟，最引人注意的就是它那对蓝色的大脚。蓝脚鲣鸟身体上的羽毛均为白色，飞羽为黑色，尾羽有 14 枚，呈楔形，也是黑色，与有白色尾羽的红脚鲣鸟不同。雄鸟的嘴为亮黄色，雌鸟的嘴为暗黄绿色。眼睛呈黄色，雌鸟的瞳孔比雄鸟的瞳孔要大。它们的嘴喙上没有鼻孔，直接用嘴巴呼吸。蓝脚鲣鸟并不害怕人类，所以很容易被人抓住，也是因为这个缘故，它还得到了一个新名字——笨鸟。

捕鱼达人

蓝脚鲣鸟捕鱼的本领非常高。它们经常在水面 30 米甚至 100 米高的空中飞行，要是一旦发现了它们爱吃的鱼，便会收拢双翅，头朝下，像子弹般扎入湛蓝的大海。它们扎进水里的速度达到了 97 千米 / 小时，入水时产生的巨大声响，能把水面以下 1.5 米处游动的鱼震晕。这时鲣鸟就会用双翅和带有蹼的脚拨水，在水中快速游动觅食。鲣鸟一但咬住鱼，便在水下把鱼吞入腹中，最后浮出水面。蓝脚鲣鸟的头非常坚硬，脖子也特别粗，能够抗击强大的冲击力。当然，每次入水都是会有生命危险的，要是它们选择的位置和角度不好的话，就会折断脖子，从而丧命。

空中的“舞者”

王鹫的体形很大，体长 76 ~ 81 厘米，翼展达 180 ~ 198 厘米，体重 3 ~ 4.5 千克。它的喙厚而强壮，是秃鹰中最有力的，但较其他大型猛禽细小。喙上有黄色的肉冠，要等到 4 岁时才会完全成形。喙钩向下，很锋利，呈橙色及黑色。眼睛草色，有锐利的视觉，但没有睫毛。脚灰色，上有长而厚的爪。人工饲养的王鹫可以活到 30 岁。

又　　称：国王秃鹫
分布区域：墨西哥南部到阿根廷北部的热带雨林中
动物学分类：脊索动物门—鸟纲—隼形目—美洲鹫科—王鹫属

温和的猛禽——王鹫

色彩斑斓似彩虹

成年王鹫的身体主要是白色，上身、翼及尾巴羽毛呈灰色至黑色。白色的身体上亦有一些玫瑰黄色。颈上的皮肤有多种颜色，包括黄色、橙色、蓝色、紫色及红色。头部及颈部没有羽毛，只在头的一部分上有黑鬃毛。这样可以阻止来自腐肉的细菌对皮肤造成感染，露出的皮肤在日光下能借助紫外线消毒、杀菌。耳边及颈背的皮肤是起皱的。

浪漫的生活

王鹫生活在热带雨林中，一般海拔不高于 1200 米，栖息于森林或植被上，杂色羽毛、鲜艳的头部及宽翅和短尾是其主要特征。它们在天气暖和时，能借助上升的热气流盘旋到一定高度；在无风的日子，就只能在树枝顶端低飞，或降落到森林中的空地上寻食。它们常常离开森林到有牛羊放牧的热带草原觅食，正常情况下它们是不集群的，但有时它们会聚集在大型的腐尸旁分食。由于体形和力气较大，能比其他食腐鸟优先取食。偶尔捉取搁浅在河中沙洲上的鱼、虾类、甲壳类食物，也捕杀小的爬行类或幼小的哺乳动物。

不爱打架的飞行员

王鹫善于滑行，有时会滑翔几个小时而不拍翼一次。当飞行时，它的双翼会呈两面角，或是水平而翼端稍微升高，从一个角度看好像没有了头一样。它每次拍打两翼幅度都很深且较有力。当它栖息时，会把头垂下及向前伸。它不会迁徙，一般都是独自或较小群体生活。

王鹫喜欢将粪便排在脚上，这样做主要是为降低自身的体温。

与其他猛禽不同的是，王鹫不怎么具有攻击性，正常情况下只会逃避而不会打斗。

酷爱群居的猛禽——红头美洲鹫

红头美洲鹫体形庞大，体长约75厘米，翼展1.8米。它们有着复杂的嗅管，嗅觉敏锐，非常有利于觅食，是猛禽家族中唯一一个用嗅觉觅食的成员。它们经常在空中翱翔，盘旋低飞，也很喜欢伸展翅膀进行日光浴。它们主要以吃腐肉为生。

Dang'an 档案

别　　称：火鸡秃鹰

分布区域：加拿大边境延伸到南北美洲

动物学分类：脊索动物门—鸟纲—美洲鹫目—美洲鹫科—美洲鹫属

热爱生活，热爱集体

红头美洲鹫在日间会单独出来觅食，其他时间都是以大群群居的。一群红头美洲鹫可以多达几百只，甚至包括黑美洲鹫在内。它们会在枯萎及没有叶子的树上筑巢，也有的在洞穴筑巢，但一般都只会在繁殖季节才到洞内。

告诉你们一个小秘密

很多红头美洲鹫在站立时会张开双翼，尤其是在潮湿或下雨天。这种姿势你们知道会有多少种功能吗？主要是为了烘干双翼、暖身及消毒。其他秃鹫及鹤科鸟类都会有这种姿势。它们会像鹳科般在自己的脚上排粪，借助蒸发来帮助降温。这样可以冷却脚及脚掌上的血管，而在脚上会留下白色尿酸的斑纹。

红头美洲鹫也有天敌

红头美洲鹫也有天敌，只是天敌很少。成年、未成熟及换羽的红头美洲鹫都会是金雕、白头海雕及大雕鸮的猎物；蛋及雏鹫会被哺乳动物所猎食，如浣熊、北美负鼠及狐狸等。当有掠食者来侵犯时，它们会反刍出半消化的肉，造成难闻的气味来赶走掠食者。若掠食者非常接近，它们甚至会直接呕吐到其面或眼睛上。某些情况下，它们会呕吐得很剧烈，并迅速飞走逃避掠食者。

红头美洲鹫在地上时很不灵活，往往要费很大的功夫才能起飞。起飞后，它们会保持V型，很少拍动双翼，只顺着气流上升。

合格的小秘书——蛇鹫

Dang'an 档案

又　　称：鹭鹰、秘书鸟
分布区域：非洲
动物学分类：脊索动物门—鸟纲—隼形目—蛇鹫科—蛇鹫属

在非洲，有一种特有的食肉鸟类，它的栖息地遍布非洲，相貌和习性都很独特，它就是蛇鹫。

蛇鹫又名鹭鹰或秘书鸟，是一种大型的陆栖猛禽，它是非洲所特有的陆生物种，一般栖息在撒哈拉以南非洲的大草原。因为蛇鹫科内只有一属一种，所以它们是隼形目下蛇鹫科的唯一物种，并且是留鸟，只会因食物变化而作出适量的迁徙。

兢兢业业小秘书

蛇鹫的英文名字是 secretary bird，字面的意思是秘书鸟，这个名字源于它那长长的冠羽。很久以前，欧洲的秘书们都是用羽毛笔来写信和抄信的，不用的时候就会把笔夹在耳朵上。它们长长的冠羽伸向头后，有点像办公室职员们夹在耳后的羽毛笔，所以被人们戏称为秘书鸟。

长翅膀的草原王者

蛇鹫身形高大，直立的时候有十多岁孩子那么高，雌鸟和雄鸟长得很相似。它们的外貌很奇特：眼睛周围有橙红色的赤裸皮肤，头部钩喙看起来像鹰，长长的腿看起来像鹤，头顶的羽冠在平时就像女孩子的辫子一样低垂，但是当它们被激怒或者很紧张的时候，长长的羽冠就会高高地竖起来。蛇鹫的腿像鹤腿一样修长挺拔，是所有猛禽中最长的，以至于在进食或者饮水的时候，它必须弯曲双腿蹲在地上才行。但是，这双纤细的长腿却有着巨大的威力，只要它用力一踢就可以对猎物产生极大的杀伤力。

蛇鹫总是成对或者小群地在草原上游荡，它们都是以地面上的小动物为食，用腿和翅膀攻击猎物。蛇鹫的觅食方法有两种：追赶猎物并用自己的喙去攻击，它快速而有力的啄击能使很多小动物当场毙命；另外一种就是叼起猎物飞向高空，在高空将猎物摔到地面，然后食用。

因此人们都说，蛇鹫是长着翅膀的草原王者！南非共和国还把蛇鹫这强悍的身影镶嵌在了国徽之上。

蛇之克星

蛇鹫因捕蛇而出名，但它们也吃啮齿动物、大昆虫、小鸟和蛋。很多年以前，有一位在非洲进行鸟类研究的科学家曾报告说，他看到了一只蛇鹫捕食到一条长达 6 米的蛇。这条新闻立刻引起了轰动。但是，人们发现蛇鹫常常吃昆虫和老鼠，很少人看到过它捕蛇。

20 世纪 50 年代，一位自然学家发现了一个秘密：他在观察蛇鹫时，突然发现有一条 1.2 米长的眼镜蛇爬向蛇鹫。蛇鹫发现眼镜蛇之后，就与其开始“外围作战”，最终的结局就是眼镜蛇葬身鸟腹了。

鹰中之虎——食猿雕

Dang'an 档案

又　　称：菲律宾鹰、食猴鹰
分布区域：菲律宾吕宋岛、萨马岛、莱特岛、棉兰老岛
动物学分类：脊索动物门—鸟纲—隼形目—鹰科—食猿雕属

食猿雕是世界上体形最大、数量最少的雕类之一，属于大型雕类，被人们赞为世界上“最高贵的飞翔者”，享有“雕中之虎”的美誉。

食猿雕是菲律宾的国鸟，目前仅存不到500只。

“鹰中之虎”

食猿雕体态强健，相貌十分凶狠，体长约91厘米，重约6.5千克，两翅完全展开长度可达2.5米左右。上半身羽色为深褐色，下半身为浅黄或白色相间，头部后面有许多矛状或柳叶状冠毛，这些冠毛黄色并有斑点。面部和嘴为黑色，遇到对手或者猎物的时候，冠羽会立即竖起成半圆形。冠羽高耸，面部表情很古怪，显露出一副“鹰中之虎”的模样，看上去令人不寒而栗。

“占地为王”

食猿雕生活在菲律宾热带雨林中，栖息于低山至开阔的草原地带，喜欢“占地为王”，一对雕差不多要占领30平方千米的领域，并捕杀这个领域内的各种动物。食猿雕善于在低空盘旋，一旦发现猎物，就会闪电般俯冲而下，先啄瞎猎物眼睛，并撕成碎块吞食。它的主要猎物是各种树栖动物，如猫猴、蝙蝠、蛇类、蜥蜴、犀鸟、灵猫、猕猴及野兔等。在村庄附近，它们还经常捕杀狗、小猪等家畜。在啄食猴子时十分凶残，所以有“食猴鹰”之称。它们还经常埋伏在犀鸟的洞穴附近，捕杀来给洞穴孵卵的雌犀鸟喂食的雄犀鸟。

对爱情忠贞不渝

食猿雕筑巢于岩壁、乔木或灌木丛中，巢穴是用枯枝和芦苇等编成的，里面铺有草和兽毛。4 – 5月产卵，幼鸟于次年8月底离开巢穴。和部分猛禽一样，食猿雕一生只追求一个伴侣，任何变故都不能动摇它们对伴侣的忠贞。

梳披肩发的雉——麝雉

Dang'an 档案

又　　称：爪羽鸡
分布区域：南美洲亚马逊流域
动物学分类：脊索动物门—鸟纲—鹃形目—麝雉科—麝雉属

梳“披肩发”的“臭安娜”

麝雉的拉丁文学名的含义是“梳披肩发的雉”，这是因为它们的头上有由长短不一的羽毛组成的羽冠，像人类的披肩发一样。不过，麝雉的中文名含义却有所不同。其实，麝雉不但不能像麝一样产出名贵的麝香，而且它们身体里还会散发出一种难闻的气味，当地人又称其为“臭安娜”。

麝雉身体背部有带白色条纹的棕色羽毛，尾羽和靠近尾部的后腹部羽毛是土红色的，而前胸则是奶黄色的。脸呈天蓝色，眼睛的虹彩则是鲜红色的，眼皮上还生有睫毛，非常绚丽。

麝雉体长约65厘米，体重不到1千克。麝雉雏鸟出壳时体被稀疏胚羽，前肢第一、第二指上长有爪子，用于攀登，长大后会消失不见。麝雉的嗉囊特别大，分为两部分，用于贮存和消化海芋属植物有弹性的叶子，那是它们食物的主要来源。

粉红的鸟儿——玫瑰琵鹭

玫瑰琵鹭的体色绚丽：头部光秃，呈绿色；喙长而呈竹片状，灰色；颈部、背部及胸部呈白色；其他部分则像火烈鸟一样，呈深粉红色。玫瑰琵鹭的体高约 80 厘米，翼展阔 1.2 ~ 1.3 米，飞行时，头部向前伸，非常优雅。

档案 Dang'an

又　　称：玫瑰红琵鹭、粉红琵鹭

分布区域：南美洲安地斯山脉以东，及加勒比海地区、中美洲、墨西哥、美国墨西哥湾沿岸地区

动物学分类：脊索动物门—鸟纲—鹈形目—朱鹭科—琵鹭属

幼鸟、成鸟有不同

玫瑰琵鹭通常会在丛林或树上（一般在红树林）筑巢，它们每次会生 2 ~ 5 只蛋，蛋呈白色有褐色斑纹。幼鸟的头部并不光秃，有羽毛，呈白色，主羽颜色较浅，喙呈黄色或粉红色。

渴望鸣叫的鸟儿——大鸨

大鸨是我国一级保护鸟类，国际鸟类保护委员会已将其列入《世界濒危鸟类红皮书》。大鸨主要以植物的嫩叶、种子，蛙、昆虫以及其他小动物等为食。

大鸨通常成群结对地活动，虽然它看似笨拙，却十分机警，在活动的时候总是昂首观察周围动静，以防敌袭。受到惊吓时，会低头、弓背、张开尾羽，并发出“哈哈”的喘气声，以警告对方。当遇到强敌时，甚至能够如直升机一般，双脚离开地面飞起。由于体重较大，大鸨的飞行高度不算太高，但飞行能力很强，它是当今世界上最大的飞行鸟类之一。

又　　称：地鵏、老鸨
分布区域：欧洲南部、中东北部、中亚、西伯利亚南部、俄罗斯东部，偶尔也见于印度和日本
动物学分类：脊索动物门—鸟纲—鹤形目—鸨科—鸨属

渴望鸣叫的大鸨

大鸨的雌雄体形相差十分悬殊，是现存鸟类中差别最大的种类。雄鸟体长为 75 ~ 105 厘米，翼展达 2 米以上，体重为 10 ~ 15 千克，下颌的两侧还生有细长而凸出的白色羽簇，状如胡须。雌鸟体形较小，体长不足 50 厘米，体重不到 4 千克，没有胡须状物。大鸨的鸣管已退化，因此不能鸣叫。

优雅的求偶

每年 4 月中旬，大鸨开始繁殖，雄鸟在求偶时，会微屈双腿，伸直颈部，抬起尾羽，露出白色的尾下覆羽向雌鸟示爱。通常，雄鸟露出的白色羽毛越多、越白，就越受雌鸟的青睐。

雄性大鸨在求偶时，喉部会因急速的吐咽动作和呼气而膨胀成悬垂的气囊，颈下裸露的皮肤变为蓝灰色，被竖起的颈下须状羽分为左、右两条，非常有趣。

交配完成后，雄鸟就会离开，雌鸟则开始寻找长有低草的地面筑巢。

Dang'an 档案

分布区域：主要分布于非洲热带和亚洲
动物学分类：脊索动物门—鸟纲—雀形目—织布鸟科—织布鸟属

织布鸟和麻雀一样大，体长约14厘米，第一枚飞羽较长，超过大覆羽。大多数的织布鸟都吃种子，尤其是草籽，但也有吃虫子的。

精巧的设计师——织布鸟

编织吊巢大比拼

织布鸟群集生活，常结成数十以至数百上千只的大群。织布鸟能够用草和其他植物编织出精美的吊巢。繁殖期的雄鸟羽毛呈黑色和黄色或红色，鲜艳夺目。也正是在这个时期，雄鸟们便开始了一场编织吊巢的角逐。它们先把衔来的植物纤维的一端紧紧地系在选好的树枝上，喙爪并用来回编织，穿网打结，织成吊巢。雌性呈淡黄色或褐色，有些像麻雀。繁殖季节过后的雄性会褪去色彩鲜艳的羽毛，变得像雌鸟一样很不显眼。

齐心协力布置“新房”

织布鸟主要由雄鸟负责筑巢。首先，它用草根和细长片的棕榈叶织成一个圈，再不断添进材料，一直到织成一个空心球体，最后留一个长约6厘米的入口就大功告成了。

雄鸟编织吊巢的过程中时不时倒吊展翅，向雌鸟炫耀。而雌鸟则在一旁充当监工的角色。雌鸟对“婚房”的品质十分挑剔。如果雌鸟不满意，雄鸟就会自动拆除辛勤织起来的吊巢，并在原处重新设计和编织一个更精巧的吊巢。当巢织成之后，雄鸟会在入口处炫耀它那黄色或是红色的羽毛，希望能吸引雌鸟。如果博得了雌鸟的赞许，它们便订下终身大事，共同布置“新房”。雌鸟从入口钻进去，用青草或其他柔韧的材料装饰内部。在巢内飞行通道的周围，雌鸟还特意设置了栅栏，以防止鸟卵跌出巢外。一切工作结束之后，雌鸟便在巢内安然地产卵、孵卵、照料雏鸟。

绒乎乎的飞行专家——欧绒鸭

欧绒鸭是鸭科中一种绒乎乎、体大膘肥的鸟类，其实这也是北极的气候所致。它们在盛夏季节，在岩石或草木隐蔽的地方筑巢，将自己的绒毛作为内衬，非常柔软舒服。一年四季，欧绒鸭都是以无脊椎动物为食，如软体动物、蠕虫、甲壳动物等。它从海底获取大部分食物，所以喜欢在大陆边缘的浅水区游来游去。欧绒鸭也是平均飞行速度最快的鸟类之一，时速可达 76 千米。

分布区域：环北极分布，北美地区、欧亚大陆

动物学分类：脊索动物门—鸟纲—雁形目—鸭科—绒鸭属

绒乎乎的可爱宝宝

在所有绒鸭当中，欧绒鸭是最大的，身长 50～170 厘米，翼展 80～108 厘米，体重 1.2～2.8 千克，寿命 18 年。春天到来的时候，雄欧绒鸭身披黑白分明的羽衣，雌欧绒鸭身体的大部分则呈褐色。雄欧绒鸭喜欢发出鸽子般的咕咕声，有时发出呻吟声；雌欧绒鸭发出鹅鸭般的声音，冬天则保持沉默。它们的身体看起来浑圆一团，绒乎乎的可爱至极。

我的兄弟姐妹

欧绒鸭一共有 6 个亚种，其最主要的区别在于嘴的长度和颜色。另外，也可以从它们的体积、喙的形状及雄性喉部的“V”形标志这 3 个方面来加以区分。

幼儿园里欢乐多

欧绒鸭是一夫一妻制。雌欧绒鸭每窝产蛋 1～10 枚，平均 5 枚。蛋长 7.6 厘米，蛋壳呈橄榄油色。由雌欧绒鸭孵育 21～28 天，期间，雌欧绒鸭很少离开自己的巢区，一心一意扑在繁殖后代上。孵化后的幼雏在雌欧绒鸭的带领下，一起来到海边，潜入水中捕捉食物。

大多数情况下，几个家庭的小欧绒鸭会组织在一起，过着集体生活，就像是幼儿园一样，非常热闹。到了 9 月份，小欧绒鸭便能展翅飞翔了，于是它们开始向西迁徙，迁入白令海和阿拉斯加海湾去越冬。

勇猛的大猫头鹰——雕鸮

档案 Dang'an

又　　称：鹫兔、怪鸱、角鸱

分布区域：欧洲、亚洲

动物学分类：脊索动物门—鸟纲—鸮形目—鸱鸮科—雕鸮属

雕鸮体长约 60 厘米，翅长约 47 厘米，是大型猛禽。雕鸮的面庞为浅棕色，眼睛大而圆，虹膜金黄色或橙色，眼线和前缘密布白毛，眼睛上方还有一大块黑斑；耳羽明显；背部羽毛暗褐色，带黄色横斑，喉部为白色，下体淡褐到微黄，散缀横斑；中央一对尾羽呈暗褐而具有棕斑；外侧尾羽转为棕色而具有暗褐色横斑，如云石状；两翅的覆羽呈淡棕色，满布褐色横斑和细点，羽端还具有灰白色圆斑；飞羽的表面大都呈暗褐色，有棕色横斑，棕斑上缀以褐色细点；嘴为黑色，爪为铅褐色。

雕鸮以各种鼠类为主要食物，也吃兔类、蛙、昆虫、雉鸡及其他鸟类。由于受到灭鼠运动的影响，雕鸮的数量已大大减少，在我国，它已被列为国家二级保护动物。

生活规律的夜行侠

雕鸮白天栖息于山地森林的枝叶茂密处，裸露的岩石、峭壁的缝隙间或居民点附近，夜晚多见于农耕地带和居民点附近的高树上。它们多单独活动，鸣叫声听起来有些恐怖。

雕鸮大多昼伏夜出，白天在密林中缩颈闭目，但听觉极灵敏，稍有声响，立即伸颈睁眼，观察四周动静，如有危险就立即飞走。飞行时缓慢而无声，通常贴着地面飞行。听觉和视觉在夜间异常敏锐。

不会飞的鸟儿——鹤鸵

Dang'an 档案

又　　称：食火鸡
分布区域：大洋洲东部、澳洲及新几内亚
动物学分类：脊索动物门—鸟纲—鹤鸵目—鹤鸵科

鹤鸵是鹤鸵目鹤鸵科唯一的物种。它们的翅膀已经高度退化，是一种大型不能飞的鸟类。鹤鸵是世界上第三大的鸟类，仅次于鸵鸟和鸸鹋。有南方鹤鸵（也称双垂鹤鸵）、单垂鹤鸵和侏鹤鸵等3种。

它们最突出的就是头上大大的骨盔和头颈部绚丽的色彩。

危险的大家伙

成年鹤鸵的体高1.5～1.8米，有的甚至可达2米，体重约70千克。

鹤鸵虽然已经失去了飞行的能力，却非常善于奔跑，它们能够以50千米的时速飞奔。当遇到敌人时，它们能快速地逃离，另外，它们对付敌人时，还有一样利器——爪！它们还是游泳高手。

鹤鸵和美洲鸵鸟一样，也有三个脚趾，每个趾上都有锋利的爪，中趾的爪就像一把锋利的匕首，约有12厘米长，只要一踢就可以让敌人毙命甚至将敌人的内脏钩出来，因此被人们列为“世界上最危险的鸟类”。

有用的骨盔

鹤鸵头上坚硬的骨盔可不是没用的装饰，它们可以用来推倒小树及丛林。它们是自然界唯一备有装甲的鸟类呢。

另外，这个骨盔还是一个声波接收器。鹤鸵生活在密林里，为了让自己的声音能够穿透林木，它能够发出比其他鸟类都要低频率的叫声，头顶上的角质盔就是这种次声波的接收器。

羞怯的濒危物种

鹤鸵喜欢独来独往，害羞而警觉，它们原本生活在密林深处及远离人烟的地方，但由于栖息地不断遭到人类的破坏，它们的数量已经非常少，据估计，鹤鸵的数量仅存 1500 ~ 10000 只，成了濒危物种。人们正在利用各种方式保护它们从而避免灭绝的命运。

↓可爱的鹤鸵幼鸟，身上有漂亮的条纹。

来自非洲的怪家伙
——鹫珠鸡

鹫珠鸡是珠鸡中体形最大的一种，因头颈部像兀鹫而得名。雌、雄个体的羽色相似——黑色基底上遍布白色的斑点，如同散落了一身漂亮的珍珠，样貌非常奇特。

鹫珠鸡身体结实，头部和颈部皮肤裸露，有着圆锥形的短喙、锐利而强健的脚爪，善于行走和掘地寻食，善于飞行，常栖息于树上，群居。以各种植物的种子和小型动物为食。

Dang'an 档案

又　　称：珍珠鸡、法国伊萨珠
分布区域：分布于非洲东南部，包括索马里、肯尼亚、埃塞俄比亚、坦桑尼亚
动物学分类：脊索动物门—鸟纲—鸡形目—珠鸡科—鹫珠鸡属

以啄蜱虫为乐的鹫珠鸡

蜱虫是一种个体微小的生物，能够传播多种可怕的疾病，而且传播速度很快，会对鸟、兽甚至人类造成致命的伤害。蜱虫和鸟、兽等受害者间的争斗从不曾停息过。但是，蜱虫也并非没有天敌。非洲的鹫珠鸡以啄蜱虫为乐。

唯一一种赤道区企鹅——加拉帕戈斯企鹅

加拉帕戈斯企鹅直立的时候，高度仅仅为 50 厘米，是温带企鹅家族中最小的一种，体重 2～2.5 千克。加拉帕戈斯企鹅的背部是黑色的，腹部呈白色，并且会有一些斑点，这些斑点是黑色羽毛形成的。从粉红色的眼睛处延伸到另外一侧有一条白条，一条并不明显的灰黑色的条纹穿过胸部。鳍脚长约 10 厘米，鳍脚底部有淡淡的黄色。鳍脚下的羽毛从白色的下巴处延伸下来。鳍脚下裸露的皮肤和眼睛周围的皮肤是粉红色的，还带些黑色斑点。它们生活在炎热的赤道地区的科隆群岛（也叫加拉帕戈斯群岛）上，不迁徙，估计现存 1000 只。

又　　称：加岛环企鹅、科隆企鹅
分布区域：南美洲科隆群岛
动物学分类：脊索动物门—鸟纲—企鹅目—企鹅科—环企鹅属

唯一一种赤道区企鹅

说到企鹅，我们首先联想到的一定是南极。在我们的印象当中，企鹅都是生活在南极的，它们和南极是密不可分的。但是，加拉帕戈斯企鹅是所有企鹅中分布最北端的，也是唯一一种赤道区企鹅。加拉帕戈斯企鹅是真正的热带企鹅。

为什么加拉帕戈斯企鹅能生活在这么炎热的环境中呢？原来，由于受到秘鲁寒流和克伦威尔洋流的共同影响，科隆群岛的气温远低于赤道其他地区，这才使得企鹅可以在此生存。加拉帕戈斯企鹅和其他企鹅一样，都是在冷水中寻觅食物的。

怎样保持凉爽的身体温度呢

对于加拉帕戈斯企鹅来说，它们面临一个生存难题——如何保持凉爽的身体温度。它们白天在冷水中寻找食物，用冷水保持身体的温度；晚上就在陆地上度过。在陆地上的时候，它们用鳍足遮蔽着下半身，弓着身子遮蔽着脚，让阳光照射在它们的背上。当天气太热的时候，那些没有繁殖的企鹅不再留在陆地上，而是跳入水中。

有三趾的奔跑健将——达尔文美洲鸵

Dang'an 档案

分布区域：秘鲁南方到巴塔哥尼亚的高地

动物学分类：脊索动物门—鸟纲—美洲鸵目—美洲鸵科—美洲鸵属

生物进化论的奠基人达尔文在南美洲看到了两种不会飞行的大鸟，后来人们为了纪念达尔文，便把其中一种鸟命名为“达尔文美洲鸵”。

达尔文美洲鸵体长 0.9 ~ 1 米，体重 15 ~ 20 千克。头顶、颈后上部和胸前的羽毛均为黑色，头顶两侧和颈下部为黄灰色或灰绿色，褐色的大眼睛上有浓密的黑睫毛，背胸两侧和翼为褐灰色，其余部分呈灰白色。达尔文美洲鸵常在没有树木的平原上出没，食性比较杂。

有三趾的奔跑健将

达尔文美洲鸵的体形比普通美洲鸵小一些，但翼较大，它的脚上有三趾，而不像普通鸵鸟那样只有两趾。碰到猛兽时，它们就会拼命奔逃，速度惊人，最高速可达每小时 60 千米，可以轻松摆脱敌人的追捕。

当它们抚育幼鸟时，如有外来者窥视，它会发出愤怒的吼声或嘶嘶声驱赶来犯者。

为了躲避危险，它们还会躺在地下隐蔽起来，只把头伸出来。这种习性后来被人误认为是鸵鸟在遇到危险时，会把头埋在沙土里。

第3章 海中的“精灵”

蝠鲼的英文名“manta”来源于西班牙语，意为“毯子”——它的体形的确很像一条在大海中荡漾的毯子。而中国渔民认为它优雅飘逸的游姿仿佛夜空中的蝙蝠，“蝠鲼”一名也因此而来。

蝠鲼体形巨大，呈菱形，最宽可达8米多，就像一只大风筝。体色青褐色。口宽大，牙细而多，近铺石状排列。眼位于下侧位，能侧视和俯视。头侧有一对由胸鳍分化的头鳍，向前凸出。蝠鲼就是用这对头鳍来驱赶食物，并把食物拨入口内吞掉的。背鳍较小，胸鳍翼状。尾巴既细又长如鞭状，并具有尾刺。

蝠鲼虽然外表看上去丑陋凶恶，令人生畏，人们都叫它魔鬼鱼。但其实它是很温和的，仅仅是以浮游甲壳动物或成群的小鱼小虾为食。

又　　称：毯魟、魔鬼鱼

分布区域：温热带、热带沿大陆及岛屿海区

动物学分类：脊索动物门—软骨鱼纲—鲼形目—蝠鲼科—蝠鲼属

水中的“魔鬼”——蝠鲼

魔鬼鱼的恶作剧

魔鬼鱼行动敏捷，喜欢成群游泳，有时潜栖海底，有时雌雄成双成对地升至海面。繁殖季节，蝠鲼有时会用双鳍拍击水面，跃起腾空，甚至跃出水面，在离水一人多高的上空“滑翔”；落水时，声音响彻云霄，波及数里，景象非常壮观。至于蝠鲼为什么要跳出水面，至今仍然是一个未解之谜。

有时蝠鲼会用头鳍把自己挂在小船的锚链上，拖着小船飞快地在海上跑来跑去，使渔民误以为是“魔鬼”在作怪，实际上这只是蝠鲼的恶作剧而已。

大海中的“魔王”——电鳐

在浩瀚的海洋中，常见带电的鱼有电鳗、电鳐、电鲶等，其中电鳐的电力是第二强的。电鳐体长 2 米左右，体重大约 20 千克。

电鳐生活于热带和亚热带近海中，除了不时浮出水面呼吸，通常都是半埋在泥沙中，一动不动。电鳐放完体内蓄存的电能后，需要经过一段时间的积聚，才能继续放电。

档案 Dang'an

分布区域：热带和亚热带近海

动物学分类：脊索动物门—软骨鱼纲—电鳐目—电鳐科—电鳐属

活的“发电机”

电鳐头胸部的腹面两侧各有一个肾脏形蜂窝状的发电器，由变异的肌肉组织构成，位于体盘内，排列成六角柱体，叫电板柱。电板之间充满胶质状的物质，可以起到绝缘作用。

每个电板的表面都分布有神经末梢，一面为负电极，另一面为正电极。电流的方向是从正极流到负极，也就是从电鳐的背面流到腹面。在神经脉冲的作用下，这两个放电器就能把神经能变成电能，放出电来，用于防御和捕获猎物。大型电鳐发出的电流足以击倒成人。

大海中的“魔王”

电鳐通过“电感”来感受周围环境的变化，一旦发现猎物，就会放电将其击毙或击昏，然后饱餐一顿。由于电鳐有这么一手捕杀猎物的绝技，因此被人称为大海中的“魔王”。

神秘的精灵——蓑鲉

蓑鲉体长 25~40 厘米，背鳍、臀鳍和尾鳍都是透明的，上面点缀着黑色的斑点。体红色，头部和体侧具有大约 30 条黄色横带，就像穿了一件鲜艳的“彩衣”。

蓑鲉最典型的特征就是它的胸鳍，像一把大大的扇子，看上去和京剧演员的戏装一样：头插雕翎、身背护旗，花枝招展，俨然一派英姿飒爽的巾帼英雄的样子。

蓑鲉是世界上最美丽、最奇特的鱼类之一，大多产自温带靠海岸的岩礁或珊瑚礁内。美丽的外表，红褐相间的条纹，使它显得非常夺目，与海底色彩缤纷的珊瑚、海葵相映成趣。

档案 Dang'an

又　　称：狮子鱼
分布区域：印度洋、西太平洋暖水海域，中国广东沿海
动物学分类：脊索动物门—硬骨鱼纲—鲉形目—鲉科—蓑鲉属

小小“毒”罐子

蓑鲉的鳍条的根部以及口周围的皮瓣含有毒腺，能够分泌毒液，平常由一层薄膜包裹着，当遇到敌害时，膜便会破裂。蓑鲉会用毒刺攻击对方，能毒晕甚至毒死其他小鱼。蓑鲉平时喜欢生活在海底的礁盘、石缝中，如果人类不小心被它刺破皮肤，虽然不至于被毒死，但伤口也会疼痛难忍、肿胀发炎。

真正的海洋小武士

蓑鲉如果在红色的珊瑚丛中飘动的话，小鱼是不容易发现的。蓑鲉会紧盯住目标，猛地把四面飞扬的长鳍条收紧，“嗖”的一下子窜过去，张嘴一咬，那些小鱼就成为它的美食。要是失去珊瑚的保护，蓑鲉就很容易把自己暴露出来，成为大鱼的目标。但是，危险来临时，它会尽量张开长长的鳍条，使自己看起来很强大，同时会用鲜艳的颜色来警告对方。

自然界有这样一条规律，一般体色越是鲜艳的动物，就越有可能是危险的。如果真遇上了胆子比较大的鱼，蓑鲉就会使出浑身解数，和大鱼进行周旋，全身的鳍条会收放自如，一会儿舒展张开，而一会儿又会紧缩收回。即使真的不幸被大鱼咬住，吞食者也会因为它全身的鳍条而难以将它吞到腹中，再吐出来时就会被蓑鲉刺伤，最终的结局就是中毒而亡。

蓑鲉不愧为海洋中的小武士，不畏强暴、敢于拼命，堪称“美丽的杀手”。

凶猛无比的肉食者——鮟鱇

鮟鱇是世界性鱼类，我国只有三种，一种叫黄鮟鱇，另一种是黑鮟鱇，还有一种新发现的叫孙鮟鱇。它们的大嘴巴里都长着两排坚硬的牙齿，样子十分丑陋，一般体长 40～60 厘米。一般雌鮟鱇体形比较大，而雄鮟鱇只有它的 1/6 大。黄鮟鱇分布于黄海、渤海及东海北部，黑鮟鱇多见于东海和南海。

档案 Dang'an

又　　称：鹅鱼、结巴鱼、蛤蟆鱼、海蛤蟆、琵琶鱼
分布区域：大西洋、太平洋和印度洋
动物学分类：脊索动物门—硬骨鱼纲—鮟鱇目—鮟鱇科

生存绝招

鮟鱇一般生活在温带的海底，主要以各种小型鱼类或幼鱼为食，也吃各种无脊椎动物和海鸟。除了可以适时变色来适应环境以外，鮟鱇的生存绝招还在于它身上的斑点、条纹和饰穗，看起来俨然一副红海藻的模样，尤其那种身披饰穗的鮟鱇，更擅长潜伏捕食和逃避天敌的追杀。鮟鱇以头顶上的鳍刺作为诱饵，背鳍最前面的刺伸长像钓竿的样子，前端有皮肤皱褶伸出去，看起来很像鱼饵。不是所有的鮟鱇都拥有这个小钓竿，雄鱼就没有。它会利用这种饵状物来引诱猎物，待猎物接近时，便会突然猛咬捕捉，再大口吞下去。

相依为命的“二鱼世界”

鮟鱇生长在黑暗的大海深处，行动缓慢，又不合群生活，在辽阔的海洋中雄鱼很难找到雌鱼，一旦遇到雌鱼，雄鱼就会咬破雌鱼腹部的组织并贴附在上面。而雌鱼的组织生长迅速，很快就可以包裹住雄鱼，雄鱼一生的营养也要由雌鱼供给。最后，雌鱼带着寄生在自己体内的雄鱼一齐沉入海底，开始了它们“二鱼世界”的底栖生活。久而久之，鮟鱇就形成了这种绝无仅有的配偶关系，终身相附至死。

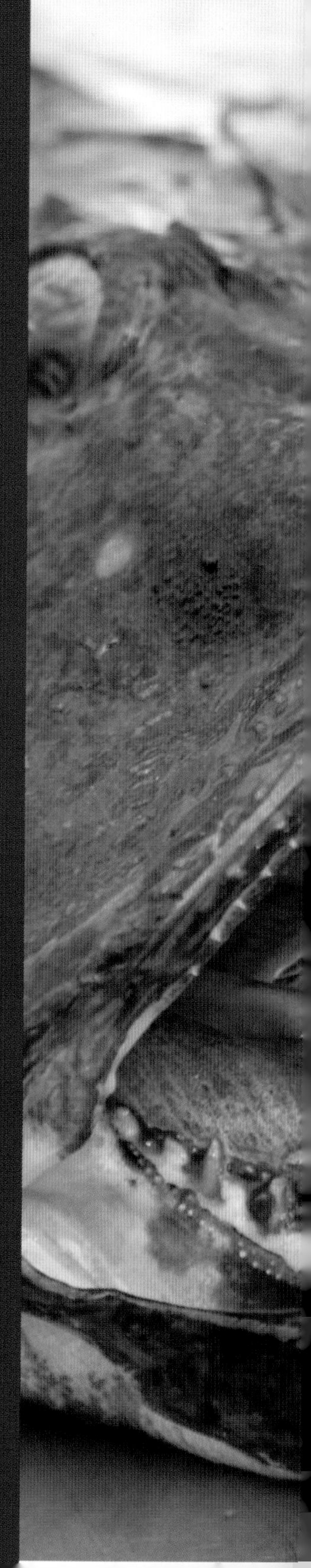

喜欢玩捉迷藏的“毛球儿”——躄鱼

躄鱼是躄鱼科鱼类的通称，属于近海暖水性底层小型鱼类。体侧扁，长约 10 厘米。体和鳍上具有许多黑褐色斑点和斑块。口较大。眼小，位于上位。第一背鳍的第一鳍棘游离，转化为诱饵器，位于吻端。皮肤具有绒毛状凸起，毛茸茸的，看起来像个“毛球儿”。

Dang'an 档案

又　　称：五脚虎、跛脚鱼

分布区域：印度洋，西太平洋，中国产于南海和东海

动物学分类：脊索动物门—硬骨鱼纲—鮟鱇目—躄鱼科

小小“钓竿”作用大

大家仔细观察就会发现，躄鱼的头部有一个类似于钓竿形状的触角，这就是帮助它诱惑并捕食猎物的秘密武器。其实躄鱼是很少游动的，它们将水摄入口中，再从鳃孔喷射出去，借助这股推力从而促使自己移动。在“钓竿”的末端有一个肉质凸起，这个凸起看起来很像虾或者蠕虫。当猎物受到钓竿的迷惑而慢慢靠近时，躄鱼便会突然发动攻击进而吞掉猎物。有了钓竿的帮忙，躄鱼捕起食来真是省时又省力。

与环境融为一体

躄鱼生活在热带的珊瑚礁或者海藻繁茂的浅海中，它们体色鲜艳，能与周围的珊瑚礁融为一体，像捉迷藏一样，很好地保护了自己。

圆滚滚的“气球鱼”——刺河豚

刺河豚身上长着密密麻麻的针刺，其实这是一种变形的鳞片。在风平浪静、相安无事的日子里，刺河豚看上去和其他鱼没有什么不同，鳞片平贴在身体表面，但是一旦遇到危急情况，它会马上变成另外一副模样，进入紧急防御的状态。变化体形是刺河豚防御外敌的方式之一。

又　　称：气球鱼
分布区域：印度洋、地中海
动物学分类：脊索动物门—硬骨鱼纲—鲈形目—刺鲀科

小小“刺猬”水中游

生活中有句俗话“冒死吃河豚”，这话真的一点都不假。作为河豚家族中的刺河豚，它除了内脏和血有剧毒以外，身上更是长满了密集的针刺，这些针刺都是用于防身的，于是刺河豚也被称为“水中刺猬”。

刺河豚是怎样把身体变成球的

在鱼类动物中，刺河豚是以奇特的身体结构、古怪的行为而著称的。刺河豚平静的时候和其他鱼一样，但是一旦遭遇敌人的攻击，就像变魔术一样，身体会立刻膨胀成两倍之大，圆滚滚的像个气球，满身的刺都会竖立起来，这副模样着实会让攻击者望而生畏，立即停止攻击甚至掉头逃跑。

那刺河豚到底是怎样把身体变成球的呢?

原来，刺河豚的胃是不管消化的，只管泵水。当它感到有威胁时，就会把海水泵入胃中，身体就会随着膨胀，最后就变成球形了，所以，研究者给它起了个更准确的名字叫“水泵鱼”。它的胃构造非常特殊，平静时，就像一条完全没有展开的百褶裙，最大的褶宽 3 毫米，还有更小的褶，需要在显微镜下才能看清楚。这样的胃要是泵满了水，能扩大近百倍。当刺河豚的胃充满水时，肝、肠和其他内脏都会收缩在它的脊椎骨和膨胀的胃之间，由小肠负责消化食物。

海葵的好邻居——小丑鱼

小丑鱼是一种热带咸水鱼，因为它们的面部都有一条或两条白色条纹，看起来就像京剧中的丑角，所以被称之为小丑鱼。

在小丑鱼成熟的过程中会出现性转变的现象。在它们的家族中，雌性属于优势种。在产卵期，雄鱼和雌鱼有护巢、护卵的领域行为。卵的一端以细丝固定在石块上，一星期左右会孵化，幼鱼在水层中漂浮之后，才与海葵等生物共生。

Dang'an 档案

又　　称：海葵鱼
分布区域：印度洋—太平洋，红海，北至日本南部，南至澳大利亚等
动物学分类：脊索动物门—硬骨鱼纲—鲈形目—雀鲷科

互利共生的好邻居

小丑鱼与海葵有着互利共生的关系。小丑鱼身体表面拥有特殊的体表黏液，可保护它不受海葵的影响而安全自在地生活于其间。因为有了海葵的保护，使小丑鱼免受其他大鱼的攻击，同时海葵吃剩的食物也可以供给小丑鱼食用，而小丑鱼也可利用海葵的触手安心地筑巢、产卵。对海葵而言，可借着小丑鱼的自由进出，吸引其他鱼类靠近，增加它捕食的机会；小丑鱼也可以除去海葵的坏死组织及寄生虫。同时，小丑鱼的游动也可减少残屑沉淀至海葵丛中。小丑鱼也可以借着身体在海葵触手间的摩擦，除去身体上的寄生虫或霉菌等。

“搬家”风波

小丑鱼把海葵当作具有防御功能的居住地，但是当它第一次搬进来的时候，也会遭到海葵的蜇咬。开始时，小丑鱼必须在触手之间小心地起舞。这样小丑鱼的身上就沾满了海葵的黏液，最大程度地阻止被蛰刺的袭击。后来，小丑鱼把卵产在海葵的触手中，孵化后，幼鱼会在水层中生活一段时间，才开始选择适合它们生长的海葵群，经过适应后，才能共同生活。值得注意的是，小丑鱼并不能生活在任意一种海葵中，只可以在特定的对象中生活。在没有海葵的环境下，小丑鱼依然可以生存，只不过缺少保护罢了。

色彩艳丽的“美人”——蝴蝶鱼

档案
Dang'an

又　　称：热带鱼
分布区域：温带到热带有珊瑚礁的海域
动物学分类：脊索动物门—辐鳍鱼纲—鲈形目—蝴蝶鱼科

蝴蝶鱼是近海暖水性的小型珊瑚礁鱼类，体长通常为 10 ~ 20 厘米。蝴蝶鱼身体侧扁很适合在珊瑚丛中来回穿梭，它们能够迅速而敏捷地消失在珊瑚枝或岩石的缝隙里。蝴蝶鱼适应环境的本领很强，它那艳丽的体色可以随着周围环境的改变而改变。在蝴蝶鱼的体表有大量的色素细胞，在神经系统的控制下，可以随意地展开或者收缩，从而使它的体表呈现出不同的颜色。通常蝴蝶鱼想要改变一次体色需要几分钟，但个别品种仅需要几秒钟即可。

只羡鸳鸯不羡仙

蝴蝶鱼是一夫一妻制，对待爱情忠贞专一，而且通常都是成双成对地出现，就好像鸳鸯一样形影不离。当一尾蝴蝶鱼进行摄食的时候，另一尾蝴蝶鱼就会在其周围警戒保护。

只为求生而伪装

众多的海洋动物都被美丽的珊瑚礁所吸引，于是都竞相在这里落户。根据科学家们的估计，一个珊瑚礁至少可以养育 400 种鱼类。在弱肉强食的海洋环境中，许多蝴蝶鱼通过身体变色来进行伪装，目的就是为了使自己的体色与周围的环境相似，这样可以使它们与周围的物体达到以假乱真的地步。在亿万种生物的残酷竞争中，它们赢得了自己生存的一席之地。

蝶蝴鱼的伪装方法很巧妙，它们常常把自己真正的眼睛藏在穿过头部的黑色条纹之中，而在尾柄处或背鳍后留有一个非常醒目的“伪眼”，这样使得敌人常常受到迷惑，误把背鳍当作了是蝶蝴鱼的头部。当敌害向其“伪眼”袭击时，蝴蝶鱼便会趁机逃之夭夭。

会爬树的鱼——弹涂鱼

弹涂鱼为暖温性近海小型鱼类，体长形，侧扁，长约10厘米。身体呈淡褐色，体侧散布暗色小斑。眼位于上位，能凸出。腹鳍长成一个吸盘，胸鳍基部具肌肉柄。

档案 Dang'an

又称：跳跳鱼、花跳、泥猴、乌鱼、涂鳗

分布区域：西北太平洋，越南向北至朝鲜和日本南部
中国分布于渤海、黄海、东海、南海海域

动物学分类：脊索动物门—硬骨鱼纲—鲈形目—弹涂鱼属

缘木求鱼

我们都知道“缘木求鱼”这一成语，意思是说，人爬到树上去抓鱼，结果是白费力气，用以嘲笑那些做事方向、方法不对，不得要领的人。可是世界之大，无奇不有，当我们看到弹涂鱼之后，就会觉得这个成语也不是完全没有道理的。为什么这样说呢？

这主要是因为弹涂鱼的胸鳍基部长得长而粗壮，有点像陆地动物的前肢。它的胸鳍已不仅仅是游泳器，而且能够起到支撑的作用。它依靠臂状胸鳍的支持以及身体的弹跳力和尾部的推动，能在沙滩上跳动和匍匐爬行，有时还能爬到海边的树上去。

小小鱼儿会爬树

弹涂鱼栖息于海水或河口附近，常在泥滩上觅食。弹涂鱼虽然不能长期离开水生活，但是也已经习惯了陆地生活，它不时地从海水中跳到平坦的沙滩或潮湿的低洼地上。除此之外，它们还具有猎取陆生昆虫和甲壳类动物的本领。遇到敌害时，它的行动速度比人走路还要快。生活在热带地区的弹涂鱼，在低潮时为了捕捉食物，常在海滩上跳来跳去，更喜欢爬到红树的根上面捕捉昆虫吃，因此，人们称其为“会爬树的鱼”。

弹涂鱼既然是鱼类，它离开水后靠什么进行呼吸呢？这是因为弹涂鱼除了鳃以外，还可通过皮肤来帮助呼吸，因此它能离开水在陆地上生活。从这种鱼身上我们可以清楚地看到，生命进化的过程的确是从水生渐渐进化到陆生的，它为生命进化提供了一个强有力的证据。

会怀孕的海龙爸爸——叶海龙

Dang'an 档案

又　　称：藻龙、叶形海龙、叶形海马
分布区域：澳大利亚南部及西部海域
动物学分类：脊索动物门—硬骨鱼纲—海龙目—海龙科

叶海龙主要栖息在隐蔽性比较好的礁石和海藻生长密集的浅海水域。不论是从形态，还是从生活、食物习性来看，叶海龙都和海马很相似。由于叶海龙身上布满了形态美丽的绿叶，游动起来会摇曳生姿，因此被称为“世界上最优雅的泳客”。

杰出的伪装大师

成体叶海龙的体色会因个体的差异以及栖息海域的深浅而从绿色到黄褐色各不相同。叶海龙是海洋生物中杰出的伪装大师，它的身体由骨质板组成，全身都由叶子似的附肢所覆盖，就像漂浮在水中的藻类，这样可以使叶海龙安全地隐藏在海藻丛生的近海水域中。此外，叶海龙还会利用它独特的前后摇摆的运动方式，伪装成海藻的样子来躲避敌害。它只有在摆动小鳍或是转动两只能够独立运动的眼珠时，才会暴露自己的行踪。

吸管一样的嘴巴

叶海龙没有牙齿和胃，它的嘴巴很特别，像长长的吸管一样，这一结构特点使得叶海龙适应于吮吸的摄食方式，可以把浮游生物、糠虾及海虱等小型海洋生物吸进肚子里。

会怀孕的爸爸

叶海龙最特别的地方是由雄性负责孵卵，这点与海马相同。在交配期间，雌海龙会将 150 ~ 250 个卵排在雄海龙尾部的育婴囊中，雄海龙就会孕育着这些小海龙蛋长达 6 ~ 8 个星期，直到它们变成迷你的海龙宝宝，再把它们生出来。遗憾的是，在自然环境中，大约只有百分之五的小海龙宝宝有机会存活长大。

高级隐藏大师——雀尾螳螂虾

雀尾螳螂虾是天生的杀手，有着聪颖、沉稳的个性，是高级隐藏大师。跟其他虾类不同，它们天生强壮的前螯可以用来做很多其他虾都不能做的事情。最新研究显示，雀尾螳螂虾的视觉有独特之处：它能够看到其他动物所无法看到的“另一个世界”。它们具有第四种类型的视觉系统，拥有能够察觉圆偏振光的能力，通过这种视觉系统可秘密地进行交流沟通。

档案 Dang'an

又　　称：小丑螳螂虾、孔雀螳螂虾
分布区域：印度到西太平洋热带海域、中国的南海及台湾省海域
动物学分类：节肢动物门—甲壳纲—口足目—虾蛄科

色彩斑斓的身躯

雀尾螳螂虾体色褐绿，有大大的彩色的眼睛，蓝色或绿色的眼圈，橘色的触须，橄榄绿的身躯，长着红毛的腹足，在前外侧外壳上有标志性的斑块，身体呈现许多靓丽的色彩，身上布满白色横纹，胸前大螯钩有很大的弹出力量，能在瞬间挥动它那棍子般的前螯砸向猎物。

两种秘密武器

雀尾螳螂虾的外形和捕食行为跟陆地上的螳螂简直是如出一辙。它们有两种武器，那就是“矛”和“盾”。当它们遇到软的猎物和敌人时，前螯可当“矛”用，刺穿对手的软组织；当遇到硬的如贝壳类的猎物和敌人时，前螯又可当“盾”用，可以通过弹射打晕猎物，或者用来击碎硬组织。据说，雀尾螳螂虾前螯的打击力度足以击碎水族箱的玻璃缸壁。

高级的隐藏大师

雀尾螳螂虾喜欢隐藏，可以在沙子、碎石或者泥浆中建立洞穴。它们很喜欢栖息在珊瑚洞穴、石缝中，也可以居住在贝壳中，别看它们身躯不是很大，但力量却大得惊人。

海中的“精灵”

鲎又称马蹄蟹，但它并不是蟹，而是与蝎、蜘蛛及已经灭绝的三叶虫有亲缘关系。鲎是和三叶虫一样古老的动物。鲎的祖先出现在古生代的泥盆纪，当时原始鱼类才刚刚问世，恐龙还都尚未崛起。随着时间的推移，与它同时代的动物或者进化、或者灭绝，而唯独鲎从 4 亿多年前问世至今仍然保留其最原始而古老的相貌，所以有“活化石”之称。

鲎一共有 4 种，分布于中国浙江以南浅海中的称为中国鲎，也叫东方鲎。

档案 Dang'an

又　　称：六月鲎、马蹄蟹、三刺鲎、夫妻鱼、王蟹

分布区域：亚洲和北美东海岸

动物学分类：节肢动物门—肢口纲—剑尾目—鲎科—鲎属

夫妻鱼——鲎

海底鸳鸯

每当春夏之交，便是鲎繁殖的季节。鲎从拇指大小长到成年需要 15 年，雌鲎要蜕壳 18 次，雄鲎要 19 次。雌、雄鲎一旦结为夫妻，便会形影不离，肥大的雌鲎经常驮着瘦小的丈夫蹒跚而行，不离不弃。如果你捉到一只鲎，提起来的时候便会是一对，于是鲎也享有“海底鸳鸯”的美称。

从默默无闻到万众瞩目

鲎有 4 只眼睛。头胸甲前端有两只 0.5 毫米的小眼睛，小眼睛对紫外光很敏感，说明这对小眼睛只是用来感知亮度而已。在鲎的头胸甲两侧有一对大复眼，每只眼睛是由若干个小眼睛组成的。人们发现鲎的复眼有一种侧抑制的现象，也就是能使物体的图像变得更加清晰，这一原理被广泛应用于电视和雷达系统中，提高了电视成像的清晰度和雷达的显示灵敏度。也正因为如此，这种默默无闻了亿万年的古老生物一跃而成为了一颗引人瞩目的“明星”，为近代仿生学做出了卓越的贡献。

鲎的血液中含有铜离子，因此呈蓝色。这种蓝色血液的提取物——鲎试剂，可以准确、快速地检测人体内部组织是否因细菌感染而致病。

海中圣诞树——大旋鳃虫

大旋鳃虫的身体呈管状，有节，细小的刚毛协助其运动。成虫体长7～8厘米，鳃冠呈各种颜色，体色为黄棕色。由于它们不会离开管腔内部，所以并没有特别的附肢来进行运动或者游泳。

Dang'an 档案

又　　称：圣诞树管虫、五彩石、宝塔管虫

分布区域：热带海洋

动物学分类：环节动物门—多毛纲—管触须目—龙介虫科—旋鳃虫属

形似圣诞树

大旋鳃虫最特别的是那两个鳃冠，呈螺旋漏斗状，看起来很像圣诞树。这些冠其实是高度进化的口前叶触须。每一个螺旋都由像羽毛似的辐棘所组成，辐棘上有很多纤毛，可以困着及运送猎物至口部。这些辐棘也可以用来呼吸，所以辐棘也被称为鳃。

大旋鳃虫的高级之处

大旋鳃虫的近亲是缨鳃虫，它们彼此间最大的区别是缨鳃虫没有用来塞着管口的结构，而大旋鳃虫却拥有像盖子一样特别的辐棘，可以用来保护管口。

大旋鳃虫拥有完整的消化系统及闭锁式的循环系统，它们也有神经系统、中央脑部以及支援的神经节等，是多毛纲中所独有的。它们会用发育良好的原肾管来排泄。当繁殖时，它们会直接将卵排到水流中，在水中漂流。

懂得保护自己

大旋鳃虫会嵌入大型珊瑚的头上。它们可以在身体周围分泌出一条钙质的管腔，以此作为住所来保护自己。一般情况下，它们在分泌钙质管之前会在珊瑚头上钻一个洞，目的是为了加强自身的保护。

大旋鳃虫主要是通过滤食来维持生命的。它们会用辐棘来滤食水中的微生物，并将其直接送入自己的消化道中。

名为兔子不是兔——海兔

档案
Dang'an

又　　称：海蛞蝓、雨虎
分布区域：世界暖海区域，中国暖海区也有出产
动物学分类：软体动物门—腹足纲—无盾目—海兔科—海兔螺属

海兔虽是软体动物门中的腹足类动物，但又与常见的腹足类动物有所不同，如鲍、田螺、蜗牛等。海兔没有石灰质的外壳，只有一层薄而半透明的角质膜覆盖着身体。身体呈卵圆形，运动时可以变形，是软体动物家族中一名特殊的成员。海兔雌雄同体，春季到近岸交尾产卵，卵群呈细索状，像细粉丝一样，因此也被称为“海粉丝”。

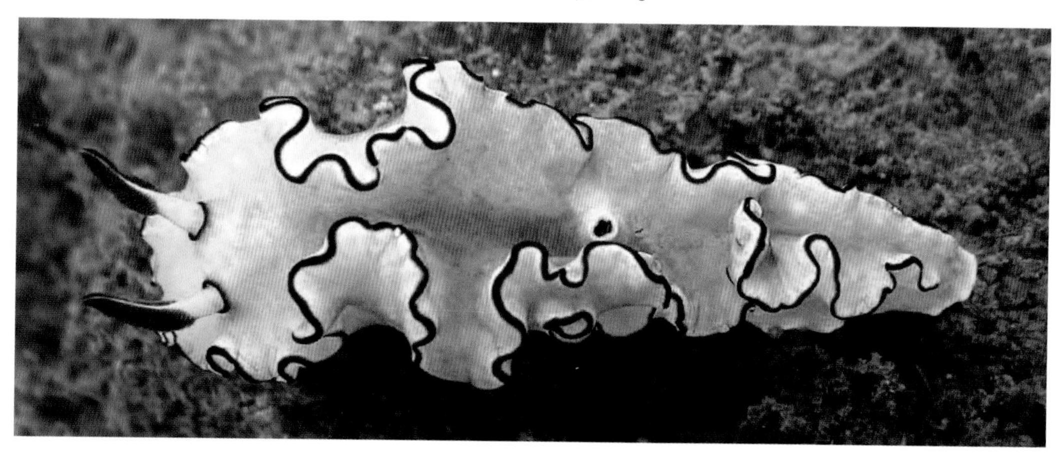

吃什么颜色的海藻身体就变什么色

海兔喜欢在海水清澈、水流畅通、海藻丛生的环境中生活，并且以各种海藻为食。海兔有一套很特殊的避敌本领，那就是吃什么颜色的海藻，身体就变成什么颜色。比如，一种吃红藻的海兔，它的身体就会呈玫瑰红色，吃墨角藻的海兔身体就呈棕绿色。有的海兔体表还长有绒毛状和树枝状的凸起，从而使得海兔的体形、体色及花纹与栖息环境中的海藻十分相近，这样就使海兔躲过了不少麻烦和危险。

消极避敌，积极防御

海兔的体内有一种叫作紫色腺的腺体，生长在外套膜边缘的下面，当遇到敌害的时候，紫色腺就能释放出很多紫红色的液体，能将周围的海水染成紫色，这样就能有效地遮挡敌人的视线，使自己轻松脱险。此外，在海兔的体内外套膜的前部还有一种毒腺，能分泌一种难闻的略带酸性的乳状液体，如果对方碰触到这种液汁便会中毒，甚至死去。

名为兔子不是兔

海兔的外形很像兔子，只不过它耸起的那两对没有毛的耳朵只是触角而已，一前一后长在头上。海兔有两对触角，后触角比前触角稍长，这两对触角分工很明确，前面的一对是负责触觉的，后面的一对只管嗅觉。海兔在海底爬行时，后面那对触角分开成“八”字形，向前斜伸着，嗅四周的气味。当它在原地不动时，这对触角立刻并拢，就像一只蹲在地上竖着两只大耳朵的小白兔，因而最早被罗马人称为“海兔”，后被世人所公认，海兔也因此得名。

加拉帕戈斯的色彩——红石蟹

档案
Dang'an

又　　称：红岩脚蟹、飞毛腿蟹
分布区域：墨西哥、中美洲、南美洲（南至秘鲁北部）的太平洋沿岸及附近岛屿
动物学分类：节肢动物门—软甲纲—十足目—方蟹科—方蟹属

在太平洋东部的加拉帕戈斯群岛上，生活着很多独具魅力的动物，红石蟹就是其中之一，它们经常和海鬣蜥一起，出现在加拉帕戈斯美轮美奂的照片上。

红石蟹是一种典型的螃蟹，五对爪，两个前爪较小，块状，螯对称，其他爪阔且平。它们的行进速度很快，遇有敌人来袭或人类惊扰，撒腿就跑，因此人们也戏称它们为“飞毛腿蟹”。

红石蟹呈圆形，扁形的甲壳长度约8厘米。未成年的红石蟹呈黑色或深褐色，在火山岛满是黑色熔岩的海岸，是很好的伪装；成年蟹的体色则较为多样，有的呈深棕红色，有些斑驳，或者呈棕色、粉红色，或有黄色斑点。常见的多是背部为明亮的橙色或红色，带有条纹或斑点，腹侧部为蓝色和绿色，爪子红色，眼睛为粉红色或蓝色。